油藏工程理论与实践

岳清山 著

U0243716

石油工业出版社

内 容 提 要

本书是作者从事油藏工程工作的部分文集，其内容涉及油藏工程的方方面面。但主要集中提供了作者应用油藏工程理论和实践经验，分析解决油藏描述、开发设计以及方案实施中的一些实际问题的范例。

本书可供油藏工程技术人员和高等院校相关专业师生参考。

图书在版编目（CIP）数据

油藏工程理论与实践 / 岳清山著 .
北京：石油工业出版社，2012.6
  ISBN 978−7−5021−9043−9

  Ⅰ . 油…
  Ⅱ . 岳…
  Ⅲ . 油藏工程
  Ⅳ . TE34

中国版本图书馆 CIP 数据核字（2012）第 085437 号

出版发行：石油工业出版社
　　　　　（北京安定门外安华里 2 区 1 号　100011）
　　　　　网　址：http://pip.cnpc.com.cn
　　　　　编辑部：（010）64523535　发行部：（010）64523620
经　　销：全国新华书店
印　　刷：北京中石油彩色印刷有限责任公司

2012 年 6 月第 1 版　2012 年 6 月第 1 次印刷
787×960 毫米　开本：1/16　印张：13
字数：253 千字

定价：58.00 元
（如出现印装质量问题，我社发行部负责调换）

版权所有，翻印必究

序

  《油藏工程理论与实践》这本书的内容几乎涉及油藏工程的方方面面。我读了以后受益匪浅。这是作者几十年从事油藏工程工作的经验总结，结合实际理论分析，有理有据。这本书的出版无疑对油田开发工作是一种贡献。

  我认为本书具有以下突出特点：

  （1）作者总是从油藏实际问题出发，提出自己的独到见解。例如，蒸汽驱是"七五"国家攻关课题，又是"八五"后稠油主攻方向，作者在总结我国"八五"期间蒸汽驱实验评价的基础上，提出了成功汽驱和最佳汽驱操作四条件及蒸汽驱方案设计方法，丰富和发展了蒸汽驱理论。

  （2）油藏描述是油田开发的基础。对所研究的油藏作者总是运用油藏工程理论与实践经验，对油藏描述与开发动态之间的矛盾进行剖析，对油藏描述做出修正，使油藏描述更趋符合油藏实际，从而为油藏开发方式的选择、开发方案设计和开发效果预测打下坚实的基础。

  （3）油藏工程计算是油田开发分析和方案设计的基础。作者在书中详细讲述了各类典型油藏计算参数的物理意义和确定方法。例如，水驱的驱油效率和波及效率的解读、油藏平均产能的计算等。

  目前，从已出版的油田开发类书籍来看，还缺乏像本书所述的内容，我期待本书的出版。

陈月明

2011 年 2 月 23 日于北京

前　言

　　本书为一本文集性质的书。书中编入了笔者过去的部分论文和研究报告。在这次编辑中，只作了一些删节和文字修改，保留了原来的观点、结论及结果，以忠实反映当时的实际认识。

　　本书所涉及的一些具体油藏，在研究的过程中笔者对油藏描述作了许多修改，并作了许多预测性的判断。这些修改和判断是否正确，有许多作者至今并不知情。经过多年的开发，今日应该已有结论。笔者希望知情者对笔者给予回应，我们共同探讨这些修改和判断的成败，以提高我们的分析和判断能力。

　　本书的内容，特别是一些研究报告并不是笔者一人完成的，包括许多合作者，如李秀宁、赵洪岩、何劲松、李平科、张霞、李秀娈等。对他们的辛勤工作表示衷心感谢。赵洪岩、张霞、李秀娈等曾多次鼓励笔者出本文集，在该文集的编辑过程中又帮助收集资料、制图并提出许多宝贵意见，在此对他们的热情支持表示谢意。

　　本书的出版，石油工业出版社的咸玥瑛、何莉等给予了大力支持，对他们所给予的支持深表感谢。

作　者

2010 年 12 月于北京

目　录

曙光油田产能设计失误的原因分析

（1976 年 12 月）

油田产能设计指标，是油田开发方案设计的重要指标之一。辽河曙光油田投产后的实际产能不到设计产能的一半。这一设计指标上的差异不但造成了大量建设投资的浪费，而且给生产管理带来了混乱。为了防止输油管线的冻结，在冬季生产中不得不采取往复输送。为什么设计中会出现如此大的失误，引起了辽河石油勘探局开发界的广泛争论。

油藏产能设计计算公式

曙光油田方案设计中所用的油藏产能设计公式为：

$$q_o = N \cdot \bar{J}_o \cdot \Delta p \cdot \eta \tag{1}$$

式中　q_o——设计油藏日产量，t/d。

　　　N——设计开发总油井数，口。曙光油田实际钻井数与方案设计数基本相同，引起设计失误的不会是这一因素。

　　　Δp——设计生产压差，MPa。其值是根据油藏埋深，流体性质以及举升方式和水平综合确定的，而且实际生产中还可适量放大，这一因素也不会造成大的失误。

　　　η——油井开井时率，它是一个经验系数，一般取 0.9 ~ 0.95。这一值实际中变化很小，它也不会引起设计失误。

　　　$\bar{J}_o$——油藏单井的平均采油指数，t/（MPa·d）。它可能是引起设计失误的唯一因素。

下面我们再分析一下 $\bar{J}_o$ 是如何计算的。

平均采油指数的计算

任一口井的采油指数表明了该井所代表面积上的油藏产能的大小，而油藏平均采油指数（$\bar{J}_o$）是指一个油藏（或区块）的平均产能，所以平均采油指数应该

1

是各探井和评价井采油指数的面积加权的平均值，即：

$$\bar{J}_o = J_1 \frac{S_1}{\sum\limits_1^n S_i} + J_2 \frac{S_2}{\sum\limits_1^n S_i} + \cdots + J_n \frac{S_n}{\sum\limits_1^n S_i} = \frac{\sum\limits_1^n J_i S_i}{\sum\limits_1^n S_i} \tag{2}$$

式中　J_i——第 i 口探井或评价井的采油指数；

　　　S_i——第 i 口探井或评价井所代表的油藏面积（它是指该井与周围探井或评价井连线的中垂线及油藏（区块）边界线所围成的面积），ha。

　　　n——求得平均采油指数所涉及的探井和评价井总数，口。

　　但是，方案设计油田产能时没有采用式（2）而是采用了算术平均法：

$$\bar{J}_o = \frac{J_1 + J_2 + \cdots + J_n}{n} \tag{3}$$

　　实际上，式（3）只是式（2）的一个特例。如果探井和评价井布井非常均匀，各井的代表面积基本相等，都为 S_o，那么，由式（2）就可推导出式（3）：

$$\bar{J}_o = \frac{\sum\limits_1^n (J_i S_i)}{\sum\limits_1^n S_i} = \frac{\sum\limits_1^n (J_i S_o)}{\sum\limits_1^n S_o} = \frac{S_o(J_1 + J_2 + \cdots + J_n)}{nS_o} = \frac{J_1 + J_2 + \cdots + J_n}{n}$$

　　所以，只有在探井和评价井布井非常均匀时才能用式（3）近似求得油藏的平均采油指数，否则用式（3）会造成错误。下面我们用曙光油田的基本情况来看看用式（3）所造成的错误大小。

对 比 计 算

　　曙光油田分 4 个面积基本相等的 4 个区，一、三、四区各打了两口探井，其产能很低，各井大约都为 2t/（d·MPa），而二区打了 10 口探井，各井产能较高，大约 30t/（d·MPa）。为了便于计算，我们设各区面积为 S，并各区的探井布置均匀，则用面积加权法式（2）求得平均采油指数为：

$$\bar{J}_o = \frac{(30 \times 0.1S) \times 10 + (2 \times 0.5S) \times 6}{4S} = 9 \ \text{t/（d·MPa）}$$

　　而用算术平均法式（3）计算得：

$$\overline{J}_\text{o} = \frac{30 \times 10 + 2 \times 6}{16} = 19.5 \quad \text{t}/(\text{d} \cdot \text{MPa})$$

显然，用算术平均法计算的油藏平均采油指数比面积加权法大了 1 倍多，用它计算的油藏产能也比实际产能大了 1 倍多。如果用面积加权法计算设计产能与实际产能就不会出现如此大的差异。

结　　论

曙光油田产能设计的失误教训告诉我们，如果一个油藏的探井和评价井布井不均，而且油田不同区域油井产能差别又很大，一定要采用面积加权法求得油藏平均采油指数，否则用算术平均法会造成大的失误。

辽河油区欢 26 块沙一下油藏开发指标预测

(1979 年 4 月)

欢 26 块沙一下油藏即将编制开发方案，本课题是为开发方案提供开发基础参数的研究课题。

欢 26 块沙一下油藏基础数据

1. 油层物性

油层埋深 1850m，油层平均厚度（$\bar{h}_o$）15.5m，平均孔隙度 0.22，平均渗透率 500mD，原始油藏压力 18.7MPa，油藏温度 72℃，原始含油饱和度 70%，储量 1745×10^4t。

2. 地层油水物性

原油相对密度 0.8750，地层油黏度 0.5mPa·s，原始气油比 130m³/t，地层油体积系数 1.290，原始饱和压力 16.5MPa，油的压缩系数由试验求得为 13.85×10^{-4} MPa^{-1}，地层水黏度 0.45mPa·s。地层水和孔隙压缩系数由油藏工程经验关系求得分别为 4.5×10^{-4}MPa^{-1} 和 5.0×10^{-4}MPa^{-1}。

油井产能指标预测

本块目前经试油、试采的井有欢 33、欢 19、11-17 和 12-17 四口井。分析试油资料表明，试油资料可靠性很差，故这次预测计算只能靠试采资料（表 1）。

表 1 试采资料统计表

井号	h_i m	S_i ha	产量 t/d	静压 MPa	流压 MPa	生产压差 MPa	比采油指数 t/（d·m·MPa）	备注
欢 33	6.5	222.8	36	15.67	12.53	3.14	1.76	
11-17	27.2	113.8	64.2	19.74	18.95	0.79	2.98	
12-17	43.7	168.2	77	—	—	0.44	4.00	
欢 19	20.0	43.5	140.5	20.17	18.2	1.97	3.57	

1. 平均单井的采油指数

平均单位厚度的采油指数：

$$\bar{J}_{os} = \frac{\sum J_{oi}}{\sum S_i} \tag{1}$$

式中　J_{oi}——第 i 口井的比采油指数，t/（d·m·MPa）；

　　　S_i——第 i 口井所代表的面积，ha。

将表 1 中数据代入式（1）求得油藏平均单位厚度的采油指数：

$$\bar{J}_{os} = 2.85 \ \text{t/（d·m·MPa）}$$

油藏平均采油指数：

$$\bar{J}_o = \bar{J}_{os} \times \bar{h}_o = 2.85 \times 15.5 = 44.2 \ \text{t/（d·MPa）}$$

2. 单位压降的弹性产量

单位压降弹性产量的计算公式：

$$Q_o = C^* \cdot N \cdot B_o / (\varphi \cdot S_{oi} \cdot \gamma_o) \tag{2}$$

式中　Q_o——油藏单位压降的产量，t/MPa；

　　　N——油藏储量，t；

　　　B_o——原油体积系数；

　　　φ——油层孔隙度；

　　　γ_o——原油相对密度；

　　　S_{oi}——原始含油饱和度；

　　　C^*——油藏的综合弹性系数，MPa^{-1}。

$$C^* = \varphi \ (S_{oi}C_o + S_{wi}C_w) + C_f$$

$$= 0.22 \ (0.7 \times 13.85 \times 10^{-4} + 0.3 \times 4.5 \times 10^{-4}) + 5.0 \times 10^{-4} = 7.43 \times 10^{-4} \ \text{MPa}^{-1}$$

式中　C_o——地层油的压缩系数，MPa^{-1}；

　　　S_{wi}——原始含水饱和度；

　　　C_w——地层水的压缩系数，MPa^{-1}；

　　　C_f——岩石压缩系数，MPa^{-1}；

赋予式（2）中各符号的数值得单位压降的弹性产量：

$$Q_o = 7.43 \times 10^{-4} \times 1745 \times 10^4 \times 1.290 / (0.22 \times 0.7 \times 0.8750)$$

$$= 12.3 \times 10^4 \ \text{t/MPa}$$

3. 1979 年底投产时的累计产量及油藏压力估算

到 1979 年 4 月底，试油和试采已从油藏采油 2.5×10^4t，根据试采情况，从

1979 年 4 月底到年底，平均日产约 400t，即这段时间将采油 9.6×10^4t，即到年底投产前总采油量为 12.1×10^4t，那么，投产时的油藏压力将为：

$$18.7 - 12.1 \times 10^4 \div 12.3 \times 10^4 = 17.7 \text{ MPa}$$

开发投产时的这一油藏压力，高于原始饱和压力（16.5MPa），略低于原始地层压力（18.7MPa），投产后只要保持这一压力即可。

4. 合理生产压差的确定

1）最大生产压差和最大单井产量

开发初期油井的最大生产压差受油井最低自喷流压、原始饱和压力以及油层出砂情况等因素的限制。

根据最低自喷流压计算式：

$$p_{\mathrm{f}} = p_{\mathrm{v}} + H \left[\begin{array}{l} 9597 - 4683 \times 10^{-2} \left(R - Rf \right) + 1745 \times 10^{-4} \left(R - Rf \right)^2 - 3536 \times 10^{-7} \left(R - Rf \right)^3 \\ + 3323 \times 10^{-10} \left(R - Rf^4 \right) - 1079 \times 10^{-3} \left(R - Rf \right)^5 \end{array} \right] / 10^5 \tag{3}$$

式中　p_{f}——最低自喷流压，at[1]；

　　　p_{v}——油压，一般取 10at；

　　　H——油层中部深度，m；

　　　R——气油比，m³/m³；

　　　f——生产含水，%。

算得本块的最低自喷流压非常低（图 1），它远远低于饱和压力所允许的界限，故本块开发初期的最大生产压差主要受饱和压力所限。

根据国内外的开发经验，在地层压力高于饱和压力的条件下，井底流压在以低于饱和压力的 15% ~ 20% 条件下采油最为有利。

这里我们取 15%，则开发初期的最低流压为：

$$p_{\mathrm{f}} = p_{\mathrm{o}} \left(1 - 15\% \right) = 16.5\text{MPa} \times \left(1 - 15\% \right) = 14.0 \text{ MPa}$$

因而开发初期的最大生产压差为：

$$\Delta p = p_{\mathrm{o}} - p_{\mathrm{f}} = 17.7\text{MPa} - 14.0\text{MPa} = 3.7 \text{ MPa}$$

考虑到本块油层较为疏松，生产压差过大有出砂的危险，我们取开发初期的最大生产压差：

$$\Delta p = 3.0 \text{ MPa}$$

---

[1] 1at=98.0665kPa。

6

开发初期平均单井的最大产量：

$$q_o = \overline{J}_o \times \Delta p = 44 \times 3.0 = 132 \text{ t/d}$$

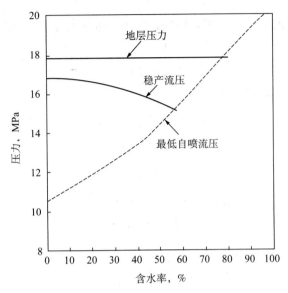

图1 含水率与流压的关系图

2）稳定生产的生产压差和产量的确定

我们开发油田的方针，不是追求初期的最大产量，而是要求有一定稳产期的高产。因此，开发初期不能用最大生产压差生产，而是要在满足一定稳产要求的生产压差下进行生产。

我国注水开发油田的稳产要求，一般是稳产到生产含水60%左右。因为随着生产含水的增加，油井的采油指数将下降，故要维持油井稳产，就必须随着生产含水的上升，不断放大生产压差。当生产含水达到60%时，放大生产压差后的井底流压还必须大于或等于最低自喷流压（或大于或等于饱和压力所要求的界线），才能实现稳产要求。

根据稳产要求，有关系式：

$$J_{oi} \times \Delta p_i = J_{of} \times \Delta p_f \tag{4}$$

式中　J_{oi}——初期的油井采油指数，t/（d·MPa）；

　　　Δp_i——符合稳产要求的初期生产压差，MPa；

　　　J_{of}——生产含水f时的采油指数，t/（d·MPa）；

　　　Δp_f——含水f时的生产压差，MPa。

7

根据油藏最低自喷流压曲线（见图1），该油藏含水60%时的最低自喷流压为15.7MPa，即含水60%时的生产压差：

$$\Delta p_{60}=17.7-15.7=2.0 \ \text{MPa}$$

根据注水开发油藏的大量统计结果，生产含水每上升1%，油井采油指数约下降1%，即：

$$J_{of}=J_{oi}(1-f)$$

将此式带入稳产式（4）得：

$$\Delta p_i=（1-f）\Delta p_f$$

根据稳产要求，稳产到含水率60%，故：

$$\Delta p_i=0.4\Delta p_{60}$$

那么，符合稳定要求的初期生产压差为：

$$\Delta p_i=0.4 \times 2.0=0.8 \ \text{MPa}$$

该油藏随含水上升的稳产流压式为：

$$p_f=17.7-\Delta p_f=17.7-\Delta p_i/（1-f）$$
$$=17.7-0.8（1-f）$$

其曲线见图1中的稳产流压曲线。

那么，符合稳产要求的开发初期的平均单井产量：

$$q_i=J_{oi}\cdot \Delta p_i=44 \times 0.80=35 \ \text{t/d}$$

5. 开发井数量的计算

开发要求的采油速度2%，因此，每年采油量：

$$Q_o=2\% \times N=2\% \times 1745 \times 10^4=34.9 \times 10^4 \ \text{t/a}$$

为了达到这一产量，需要布开发油井数为：

$$n_o=\frac{Q_o}{q_o \times t}=\frac{34.9 \times 10^4}{35 \times 330}=30 \ \text{口}$$

如按五点井网布井，需注水井数 n_w 为30口，如按九点井网布井需注水井10口。

即如按五点井网布井，共需开发井60口，其中油井30口，水井30口；如按九点井网布井，共需开发井40口，其中油井30口，水井10口。当然，具体布井时的井数，特别是注水井数可能有所变动，但油井数不应有大的变动。

8

开发指标的预测

1. 分流曲线和驱油动态的计算

因本块没有油水相对渗透率试验资料，故借用与该油藏比较相近的大港油田的油水相对渗透率曲线，并根据本块情况，略加修改（图2）。

利用图2的相对渗透率曲线，根据分流量公式：

$$f_{\text{w}} = \frac{1}{1 + \dfrac{\mu_{\text{w}} \cdot K_{\text{ro}}}{\mu_{\text{o}} \cdot K_{\text{rw}}}} \tag{5}$$

计算分流量—含水饱和度关系，结果列入表2。然后，再利用表2的数据，绘制出分流量—含水饱和度关系曲线（图3）。

表2 分流量—含水饱和度关系表

S_{w}	0.30	0.35	0.40	0.45	0.50	0.55	0.60	0.65	0.70	0.73	0.75
K_{ro}	0.85	0.63	0.46	0.32	0.22	0.15	0.09	0.045	0.015	0.005	0
K_{rw}	0	0.02	0.04	0.07	0.09	0.115	0.145	0.168	0.19	0.22	0.23
f_{w}	0	0.04	0.09	0.196	0.31	0.46	0.65	0.81	0.94	0.98	1.00

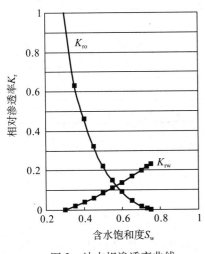

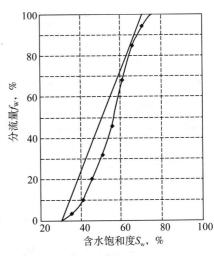

图2 油水相渗透率曲线　　　　图3 分流量—含水饱和度的关系曲线

在图3上，从原始含水饱和度（S_{w}=30%）处划分流量曲线的切线，切点的含水饱和度为66%，即水驱前沿的含水饱和度为66%。将切线延长至与f_{w}=1.0的水平线相交，其交点的含水饱和度为 71%，即水驱前沿后水波及油藏内的平均含水饱和度为 71%。

在分流量曲线上，从含水饱和度 66% 处起，逐点确定分流量曲线的斜率。表 3 列出了各点的 S_{w2}、f_{w2} 和相应斜率 df_w/dS_w 的值。

根据韦尔杰方程可算出不同产水率下的油藏平均含水饱和度 $\bar{S}_w$：

$$\bar{S}_w = S_{w2} + Q_w f_{o2} \tag{6}$$

式中 S_{w2}——产出端的含水饱和度；

   f_{o2}——产出端的油的分流量；

   Q_w——产出端见水时和见水后水波及油藏中达到某一平均含水饱和度 $\bar{S}_w$ 时所需的累计注水量（以孔隙体积数表示）。

Q_w 由下式计算：

$$Q_w = \frac{1}{(df_w/dS_w)_{S_{w2}}} \tag{7}$$

用式（6）、式（7）算出各点的 Q_w 和 $\bar{S}_w$，并将其值列入表 3。利用表 3 数据作 df_w/dS_w—S_w 的关系曲线（图 4）。

表 3　注水驱油动态表

S_{w2}	f_{w2}	df_w/dS_w	Q_w	$\bar{S}_w$
0.66	85	2.44	0.41	0.72
0.68	90	2.13	0.47	0.727
0.70	94	1.60	0.625	0.737
0.72	97	1.20	0.83	0.745
0.74	99.3	0.91	1.11	0.748
0.75	100	0.57	1.75	0.75

2. 流度比计算

流度比计算公式：

$$M = \frac{K_{rw}}{\mu_w} \cdot \frac{\mu_o}{K_{ro}} \tag{8}$$

式中 K_{rw}——水驱前沿突入生产井时，水波及油藏中平均含水饱和度（71%）处水的相对渗透率，由图 2 查得为 0.22。

   K_{ro}——原始含水饱和度下油的相对渗透率，由图 2 查得为 1.0。

   μ_o，μ_w——油藏条件下的油、水黏度，分别为 0.5mPa·s 和 0.45mPa·s。

10

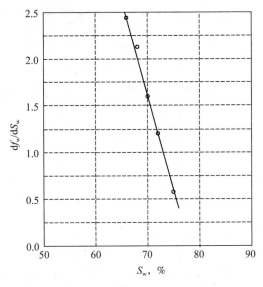

图 4 $\mathrm{d}f_w/\mathrm{d}S_w$—$S_w$ 曲线

将这些值代入式（8）得：

$$M = \frac{0.22}{0.45} \times \frac{0.5}{1.0} = 0.24$$

3. 油藏渗透率变异系数的计算

表示油藏非均质性的渗透率变异系数 V_p 用下式计算：

$$V_p = \frac{\overline{K} - K_\sigma}{\overline{K}} \tag{9}$$

式中 $\overline{K}$——油藏平均渗透率，它为渗透率对数—概率图上概率为 50% 处的渗透率值，它约等于渗透率的几何平均值，mD。

　　K_σ——在渗透率对数—概率图上累积样品占 84.1% 处的渗透率，mD。

为了计算该油藏的渗透率变异系数，我们将该油藏两口取心井的岩心分别进行了渗透率从大到小的排列统计（表4），并绘制了渗透率对数—概率图（图5）。由图查得：

欢 12–17 井：$\overline{K}$ =580，K_σ =150；

欢 33 井：$\overline{K}$ =410，K_σ =220。

将这些值代入（9）式得：

欢 12–17 井的渗透率变异系数：

$$V_{p1} = \frac{580 - 150}{580} = 0.74$$

11

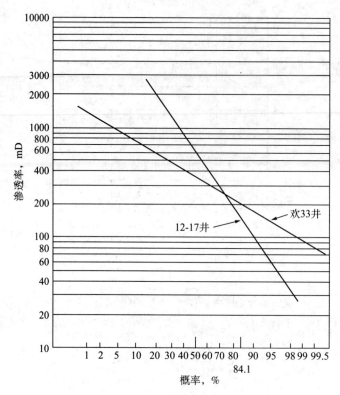

图 5　渗透率对数—概率图

表 4　渗透率分布统计表

渗透率 mD	欢 33 井			12−17 井		
	块数	占总块数 比例，%	累计占总数 比例，%	块数	占总块数 比例，%	累计占总数 比例，%
＞10000	—	—	—	7	2.94	2.94
10000 ~ 9000	—	—	—	1	0.42	3.36
9000 ~ 8000	—	—	—	1	0.42	3.78
8000 ~ 7000	—	—	—	1	0.42	4.2
7000 ~ 6000	—	—	—	4	1.68	5.88
6000 ~ 5000	—	—	—	4	1.68	7.56
5000 ~ 4000	—	—	—	10	4.2	11.76
4000 ~ 3000	—	—	—	14	5.88	17.64
3000 ~ 2000	—	—	—	8	3.36	21.0
2000 ~ 1000	1	4.15	4.15	29	12.17	33.17

渗透率 mD	欢 33 井			12-17 井		
	块数	占总块数比例，%	累计占总数比例，%	块数	占总块数比例，%	累计占总数比例，%
1000～900	—	—	—	6	2.52	35.69
900～800	2	8.3	12.45	6	2.52	38.21
800～700	—	—	—	7	2.94	41.15
700～600	3	12.5	24.95	8	3.36	44.51
600～500	2	8.3	33.25	17	7.13	51.64
500～400	3	12.5	45.75	12	5.04	56.68
400～300	4	16.65	62.4	6	2.52	59.2
300～200	2	8.3	70.7	13	5.46	64.66
200～100	2	8.3	79.0	6	2.52	67.18
100～1	5	20.8	99.8	52	21.81	88.99

欢 33 井的渗透率变异系数：

$$V_{p2} = \frac{410 - 220}{410} = 0.46$$

因为只有两口井的资料，又是不同层位的，我们取该油藏的渗透率变异系数 V_p 为两井的算术平均值 0.60。

4. 水驱动态生产含水率—采出程度的关系计算

（1）狄卡斯塔作了不同流度比、不同渗透率变异系数及不同含水饱和度油藏，其注水开发时生产水油比与采出程度关系的试验，并将试验结果制成了标准图版[1]（图 6）。欢 26 块的 $M=0.24$，$V_p=0.6$，$S_w=0.30$。

由狄氏图版查得：

当水油比为 1 时，$E_R (1-0.3) = 0.18$，$E_R = 0.26$；

当水油比为 5 时，$E_R (1-0.72\times0.3) = 0.275$，$E_R = 0.35$；

当水油比为 25 时，$E_R (1-0.52\times0.3) = 0.37$，$E_R = 0.44$；

当水油比为 100 时，$E_R (1-0.4\times0.3) = 0.415$，$E_R = 0.47$。

根据 $f_w = \dfrac{R}{1+R}$，可求得水油比 R 为 1、5、25 和 100 时的含水率，将以上计算结果列成表 5，并用表中数据绘制出生产水油比与采出程度的关系曲线（图 7）。

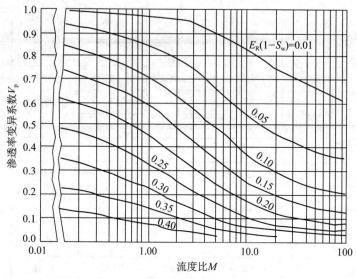

(a) $E_R(1-S_{wi})$常数线是在生产水油比等于1时作出的

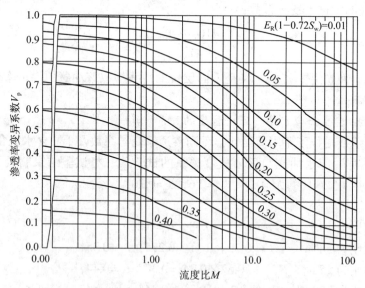

(b) $E_R(1-0.72S_{wi})$常数线是在生产水油比等于5时作出的

图6 流度比和渗透率变异系数对水驱效果的影响（一）

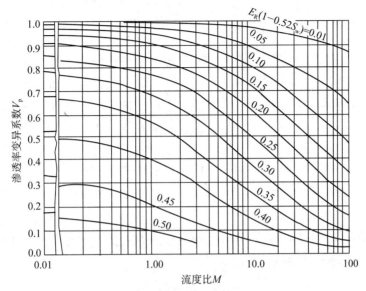

(c) $E_R(1-0.52S_{wi})$常数线是在生产水油比等于25时作出的

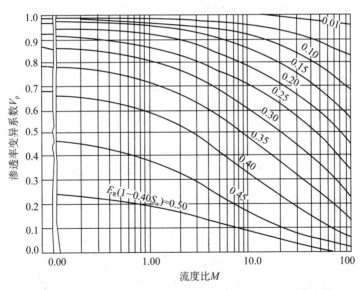

(d) $E_R(1-0.40S_{wi})$常数线是在生产水油比等于100时作出的

图6 流度比和渗透率变异系数对水驱效果的影响（二）

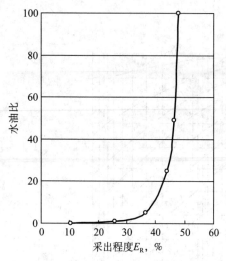

图 7　生产水油比—采出程度关系曲线

由图 7 可查得，当水油比为 49，即生产含水 98% 时，该油藏的水驱最终采收率为 46.5%。将此组数据也列入表 5 中。

（2）见水时采出程度的确定：

根据克雷格的五点井网水驱见水时的体积波及效率与流度比和渗透率变异系数的关系图（图 8）[1] 查得，见水时的体积波及效率 E_p 为 12%。由相对渗透率曲线算得，该油藏的水驱油效率 E_v 为 67%。因此，见水时的采出程度为：

$$E_{R见} = E_P \cdot E_V = 12\% \times 0.67 = 8\%$$

把见水时的这组数据也列入表 5 中，到此用表 5 的数据就可作出采出程度与生产水油比（含水率）关系的完整曲线了。

表5　水驱动态

水油比	含水率，%	采出程度，%
(0)	(0)	(8)
1	50	26
5	83.5	36.6
25	96.3	44
(49)	(98)	(46.5)
100	99.0	48

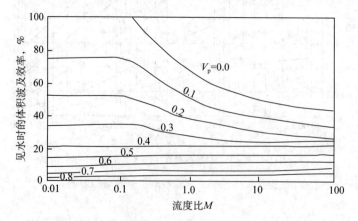

图 8　见水时的体积波及效率（五点井网、原始气饱和度为零）

16

5. 各项开发指标与开发时间关系的预测

1）采出程度与开发时间的关系

采出程度与开发时间的关系可用下式表示：

$$E_R = v \cdot t + 1\% \tag{10}$$

式中　v——采油速度，本块要求为2%；

　　　t——注水开发时间，a；

常数1%——注水开发前已采出约1%的储量。

2）含水率与开发时间的关系

利用含水率与采出程度和采出程度与开发时间的关系，可很容易求得含水率与开发时间的关系。

3）采油指数与开发时间的关系

因为采油指数与含水率的关系 $J_{of} = J_{oi}(1-f)$ 为已知，并且又知含水率与开发时间的关系，故可求得采油指数与开发时间的关系。

4）生产压差与开发时间的关系

由稳产关系式 $J_{oi} \cdot \Delta p_i = J_{of} \cdot \Delta p_f$，得：

$$\Delta p_f = \frac{J_{oi} \cdot \Delta p_i}{J_f} = \frac{J_{oi} \cdot \Delta p_i}{J_{oi}(1-f)} = \frac{\Delta p_i}{1-f} \tag{11}$$

因为由2）已知含水率与开发时间的关系，故可得生产压差与时间的关系。

5）注采平衡条件下注采比与开发时间的关系

所谓注采比是指注入流体（水或气）的地下体积与采出物（油、气、水）的地下体积之比。由注采比的定义可看出，当注采比小于1时，说明油藏中采出流体体积大于注入流体体积，油藏压力将下降；当注采比等于1时，说明油藏中采出流体体积等于注入流体体积，注采平衡，油藏压力保持不变；当注采比大于1时，说明油藏中采出流体体积小于注入流体体积，油藏压力将上升。

现在我们首先求得注采平衡条件下注采比与含水的关系。

由于该油藏是在高于饱和压力下开发，故油藏中只有油相和水相，那么我们根据注采平衡的定义，可得到下式：

$$W_i = Q_w + \frac{B_o}{\gamma_o} Q_o \tag{12}$$

式中　W_i——注入油藏水的体积，m³；

　　　Q_w——产出水的体积，m³；

　　　Q_o——产出油的体积，t；

　　　B_o，γ_o——油的地层体积系数和相对密度。

设生产含水为 f（%），则由生产含水 $f(\%)=\dfrac{Q_w}{Q_o+Q_w}$ 得：

$$Q_w=\frac{f}{1-f}Q_o$$

将 Q_w 代入式（12）得：

$$W_i=Q_o\left(\frac{f}{1-f}+\frac{B_o}{r_o}\right)$$

由此得注采平衡条件下不同含水时的注采比为：

$$R=\frac{W_i}{Q_o}=\frac{B_o}{\gamma_o}\cdot\frac{f}{1-f}+1$$

将式中 B_o 和 γ_o 值代入得：

$$R=0.68\frac{f}{1-f}+1 \tag{13}$$

再利用含水与开发时间的关系，我们就可求得注采平衡条件下注采比 R 与开发时间的关系。

将以上5项关系的计算结果列表（表6），并由表中数据绘制出各项开发指标与时间的关系曲线，如图9所示。

表6 稳产指标预测表

开发时间，a	1	2	3	4	5	6	7	8	9	10	11	12	13	13.5
时间	1980.12	1981.12	1982.12	1983.12	1984.12	1985.12	1986.12	1987.12	1988.12	1989.12	1990.12	1991.12	1992.12	1993.6
采油速度，%	2	2	2	2	2	2	2	2	2	2	2	2	2	2
采出程度，%	3	5	7	9	11	13	15	17	19	21	23	25	27	28
含水率，%	0	0	0	0	2	5	10	15	22	29	37	45	54	60
采油指数 t/（d·MPa）	4.4	4.4	4.4	4.4	4.3	4.2	4.0	3.7	3.4	3.1	2.8	2.4	2.0	1.75
生产压差 MPa	9.2	9.2	9.2	9.2	9.4	9.7	10.2	10.8	11.8	13.0	14.5	16.7	20	23
注采比	1	1	1	1	1	1.03	1.07	1.10	1.19	1.28	1.40	1.56	1.68	2.00

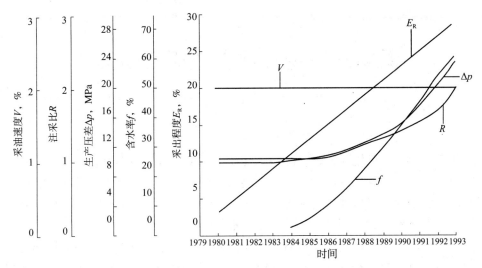

图9　各项稳产指标预测

参 考 文 献

[1] Ｆ Ｆ 克雷格．油田注水开发工程方法［M］．张朝琛，译．北京：石油工业出版社，1981.

凝析气藏地层流体的相态研究

（1987 年 2 月）

从 20 世纪 60 年代开始，我国相继发现了不少凝析气藏。可以预计，随着深层油藏的发现和开发，今后会有更多的凝析气藏出现。为了合理开发我国的凝析气藏，开展了凝析气藏地层流体的相态研究。先后解决了地面取样、配样及分析方法，并成功地作了几个凝析气藏的地层流体分析研究。

由于凝析气与地层油的性质有较大差别，凝析气体的露点压力不能用确定油藏流体泡点压力的方法（$p-V$ 关系变化）来确定。另外，在凝析气体系中，液相体积只占总体系体积的很小一部分，因此，研究中所用的仪器设备也不同[1]，需要能精确测量少量液体的计量技术。

能满足上述要求的最好仪器是带窗的 PVT 容器。它既能直接观察露点，又能精确读取露点压力以下的凝析液量。

凝析气体系相态研究的主要内容是：（1）流体的地面取样和配样；（2）分离器油、气的组分分析及井流物的组分计算；（3）恒组分研究（恒温下的 $p-V$ 关系）；（4）定容衰竭研究；（5）采收率计算。

凝析气藏流体的取样和配样

对凝析气藏来说，一般在井底不易取得合格的地层流体代表样，而只能在地面分离器中取得合格的油样和气样，再在实验室配制成地层流体的代表样。

代表样取得的关键是：流入井中的流体为代表地层流体，并在油井生产和分离条件稳定的条件下，用适当的取样方法取得合格的分离器油样和气样。配样的关键是：实验室求得精确的分离器气体的偏差系数，用于校正现场气油比和计算出配制一定凝析气样的分离器气体用量；测好分离器液体的压缩系数和闪蒸成油罐油时的收缩系数，以计算出配制一定凝析气样的分离器液体用量；有关取样和配样的详情，请参阅文献 [2]。

分离器油气组分分析和井流物的组分计算

井流物是指由井筒流到地面的油气藏流体。凝析气藏的地层流体，原始状态下处于单相气态。当这种流体沿井筒上升时，随着压力和温度的变化，分离为气液两相。精确地取得分离器中气液两相的组分组成及它们之间的比例关系，就可计算出原始地层流体的组分组成。

分析油、气组分可用色谱法，也可用低温蒸馏法。

井流物组成的计算结果，不仅作为地层流体的组成，而且也用来判断配样的可靠性。因此，一般要进行两次井流物的分析和计算。一次是用分离器油样和气样的组分分析，根据气油比来计算井流物的组成；另一次是用配好的地层流体样，测定其组分组成。两次结果一致，才能说明配样、转样及分析可靠，否则要检查配样或分析，找出原因，甚至重新配样。

井流物组成的计算过程是：首先把分离器油样闪蒸，得到油罐气样、油样及油罐气油比。用色谱分析方法得到分离器气，油罐油和油罐气的从 C_1 到 C_{11+}（包括 CO_2，N_2 和 H_2S）的摩尔分数组成。用常规分析方法，测得油罐油的 C_{11+} 密度、摩尔质量及油罐油的密度和平均摩尔质量。计算程序见表1。表1中的计算是以凝析 $1m^3$ 油罐油的凝析气藏气为基础的。

恒组分闪蒸凝析研究

所谓恒组分研究就是把一定量的井流物置于一定温度下的带窗 PVT 容器中，研究它的 $p-V$ 关系，测定露点压力及露点压力以下各级压力下的凝析液量。在不同温度下进行恒组分膨胀研究，即可得到部分相图。结合气液平衡方程，可快速得到烃类体系的完整相图。

测试流程如图1所示。把一定数量的井流物置于容器中，压力保持在高于油气藏压力的某一压力 p_1 下，恒温 12 小时（要不断摇样）。然后从 p_1 开始分级退泵降压。露点压力以上，每级大约降压 $10 \times 10^5 N/m^2$，平稳半小时即可记录压力和泵读数。当压力低于露点压力（出现第一个液滴的压

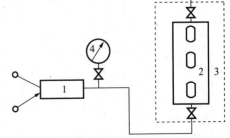

图1 $p-V$ 关系测定流程

1—水银泵；2—三窗容器；3—恒温空气浴；4—压力表

表1 井流物组分计算实例

组分	油罐油 摩尔分数 %	油罐油 摩尔浓度 kmol/m³	油罐气 摩尔分数 %	油罐气 摩尔浓度 kmol/m³	分离器液体 摩尔浓度 kmol/m³	分离器液体 摩尔分数 %	分离器气体 摩尔分数 %	分离器气体 摩尔浓度 kmol/m³	井内流出物组成 摩尔浓度 kmol/m³	井内流出物组成 摩尔分数 %	井内流出物组成 重质组分含量 g/m³
(1)	(2)	(3)	(4)	(5)	(6)	(7)	(8)	(9)	(10)	(11)	(12)
	色谱分析	$(2) \times N_1$	色谱分析	$(4) \times N_2$	$(3) + (5)$	$\dfrac{(6)}{N_1 + N_2}$	色谱分析	$(8) \times N_3$	$(6) + (9)$	$\dfrac{(10)}{N_1 + N_2 + N_3}$	$\dfrac{(11) \times M_i \times 10^3}{24.852}$
N_2	0	0	0	0	0	0	1.49	3.7220	3.7220	1.41	
CO_2	0	0	0.74	0.04425	0.04425	0.33	0.30	0.7494	0.7937	0.30	
CH_4	0.12	0.00891	18.19	1.08764	1.09655	8.18	87.08	217.5250	218.6215	83.06	
C_2H_6	0.19	0.01411	15.61	0.93338	0.94749	7.07	6.95	17.3610	18.3085	6.96	
C_3H_8	2.90	0.21542	27.03	1.61622	1.83164	13.66	2.74	6.8445	8.6761	3.30	58.55
$i\text{-}C_4H_{10}$	3.00	0.22285	8.76	0.52379	0.74664	5.57	0.33	0.8243	1.5710	0.60	14.03
$n\text{-}C_4H_{10}$	10.66	0.79187	15.93	0.95251	1.74438	13.01	0.46	1.1491	2.8935	1.10	25.72
$i\text{-}C_5H_{12}$	9.26	0.68787	5.91	0.35338	1.04125	7.77	0.15	0.3747	1.4159	0.54	15.68
$n\text{-}C_5H_{12}$	10.44	0.77553	3.96	0.23678	1.01231	7.55	0.12	0.2998	1.3121	0.50	14.52
C_6H_{14}	19.31	1.43443	3.06	0.18297	1.61740	12.06	0.26	0.6495	2.2669	0.86	29.82
C_7H_{16}	16.27	1.20861	0.61	0.03647	1.24508	9.29	0.08	0.1998	1.4449	0.55	22.17
C_8H_{18}	9.18	0.68193	0.20	0.01196	0.69389	5.18	0.04	0.0999	0.7938	0.30	13.79
C_9H_{20}	7.57	0.56233	0.00	0.00000	0.56233	4.19	0.00	0.0000	0.5623	0.21	10.84
$C_{10}H_{22}$	3.10	0.23028	0.00	0.00000	0.23028	1.72	0.00	0.0000	0.2303	0.09	5.15
$C_{11}H_{24}^+$	8.00	0.59427	0.00	0.00000	0.59427	4.43	0.00	0.0000	0.5943	0.23	14.47
Σ	100.00	7.4284	100.00	5.97934	8.02267	100.00	100.00	249.799	257.8217	100.00	

备注：油罐油的摩尔浓度 N_1=7.4284kmol/m³；油罐气的摩尔浓度 N_2=5.97934 kmol/m³；分离器气的摩尔浓度 N_3=249.799kmol/m³，M_i 为各组分的摩尔质量（g/mol）。

22

力）时，出现液体。为了精确确定露点压力，要在露点压力附近反复进行测定。一般做法是从出现液体的压力提压半级，如还有液体，则再提 1/4 级，如液体消失，则降压 1/4 级……直至出现液滴与液滴消失之间的压力差小于允许的范围为止（一般为 $1 \times 10^5 \sim 2 \times 10^5 N/m^2$），取这两个压力的平均值为露点压力。最后读取露点压力下的泵读数。露点压力确定后，从露点压力继续以每级 $10 \times 10^5 \sim 15 \times 10^5 N/m^2$ 的压差降压，但露点压力以下，每级压力要摇样 2 小时并静置半小时后，才能读取压力、泵读数及凝析液量。这一过程一直进行到容器中剩余水银量约 50mL 为止。

压力降到一定值后，液滴可能重新消失，这时的压力为第二露点压力。确定第二露点压力的方法同第一露点。

表 2 $p-V$ 关系测定记录及计算（82℃）

表压力 9.807× $10^4 N/m^2$	泵读数 cm³	泵读数差 cm³	退出汞在容器中所占体积 cm³	容器样品体积 cm³	相对体积	气体偏差系数	备注
(1)	(2)	(3)	(4)	(5)	(6)	(7)	(8)
	由泵读出	(2) $p_{400}-$ (2) p_i	(3) $\times F \times \dfrac{\gamma_T}{\gamma_{20}}$	V_o+ (4)i	$\dfrac{(5)p_i}{(5)p_d}$	$\dfrac{p_i \cdot V_i \cdot Z_d}{p_d \cdot V_d}$	
400.0	138.113	0.000	0.000	98.292	0.9175	1.0185	
380.0	135.780	2.333	2.361	100.653	0.9395	0.9908	F—泵校正系数；
360.0	133.258	4.855	4.913	103.205	0.9633	0.9627	V_o—转样体积；
340.0	130.622	7.491	7.581	105.873	0.9882	0.9328	γ_T—T 温度下的水银比容；
333.0	129.374	8.739	8.844	107.136	1.0000	0.9246	γ_{20}—20℃时的水银比容；
320.0	127.096	11.017	11.150	109.442	1.0215		(2) p_{400}—400×9.81×10⁴N/ m² 压力下泵读数；
306.5	124.360	13.753	13.918	112.210	1.0474		(2) p_i—p_i 压力下泵读数。
266.0	116.417	21.696	21.957	120.249	1.1224		
249.0	111.157	26.956	27.280	125.572	1.1721		
235.0	106.232	31.881	32.256	130.557	1.2186		

表 2 为 $p-V$ 关系测定的记录和计算表。表中列出了每列数据的计算方法。表中所列数据是某凝析气藏地层流体 $p-V$ 关系的测试实例。关于气体偏差系数的计算需做如下说明：在 $p-V$ 关系测定后，把样品恢复到露点压力，平稳后把部分或全部样品闪蒸到大气压力，计量排出样品在容器中的体积、闪蒸后的液量和气量等，并计算标准状态下的体积，从而求得露点压力下的气体偏差系数：

$$Z_d = \frac{p_d \cdot V_d}{p_o \cdot V_o} \cdot \frac{T_o}{T} \tag{1}$$

23

其他各级压力下的气体偏差系数可通过下式计算：

$$Z_i = \frac{p_i \cdot V_i \cdot Z_d}{p_d \cdot V_d} \qquad (2)$$

式中　p_d，V_d，Z_d——分别为露点压力、露点压力下的气体体积和气体偏差系数；

　　　　p_o，T_o，V_o——分别为标准压力、温度及标准状态下的气体体积；

　　　　p_i，Z_i，V_i——分别为 i 压力级的压力、气体偏差系数和气体体积。

利用不同温度下恒组分膨胀研究测定的压力、温度、露点（泡点）及液体含量，可以绘制出油气藏流体的相图。

定容衰竭研究

等容衰竭研究的实质是要模拟凝析气藏开发过程中，气藏中烃类物质和井流物烃类物质的性质变化。在这一测试过程中，体系的压力和成分不断变化，而烃类所占总体积保持不变，故称之为定容衰竭。

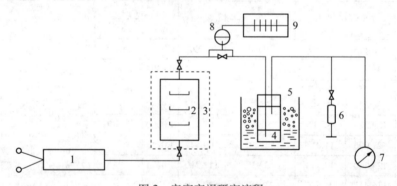

图 2　定容衰竭研究流程

1—水银计量泵；2—三窗容器；3—恒温空气浴；4—分离器瓶；5—冰水浴；
6—取样针管；7—气体计量计；8—高压取样器；9—气相气谱仪

定容衰竭测试流程如图 2 所示，其测试方法是，在恒温条件下，交替地进行膨胀降压与恒压排气过程。在露点压力以下，每级约降压 $10 \times 10^5 \text{N/m}^2$。降压后摇样 2 小时使其相平衡。然后直立带窗容器静放 20 分钟，在进泵保持压力的条件下，由容器上阀排气。为了使试验接近等容条件，降压前必须确定一个定容值。每级排气后的最终体积，应等于预先确定的定容值。

实验中要记录每级压力，排出气体在容器中所占体积，分离器的气量和油量，并收集油、气样进行组分分析。

最后一级可直接排气降压至零，然后再进泵排出容器中的残余气和油，并取气样进行组分分析。残余油称重、测密度和进行组分分析（至少要分析到C_{11+}）。

定容衰竭试验计算实例如表3所示。根据表3可进行各项参数的计算。

表3　等容衰竭试验计算

表压力 $9.807 \times 10^4 N/m^2$	泵读数差 cm³	排出样品在容器中的体积 cm³	分离器气量		油罐油量				排出样品标准体积 cm³
			测定值 cm³	标准状况下体积 cm³	质量 g	体积 cm³	摩尔数 mol	标准状况下体积 cm³	
(1)	(2)	(3)	(4)	(5)	(6)	(7)	(8)	(9)	(10)
		$\dfrac{(2)\times F\times\gamma_T}{\gamma_{20}}$		$\dfrac{(p_a-Q)\times V_i\times T_o}{p_o\times T_1}$		$\dfrac{(6)}{\rho_{20}}$	$\dfrac{(6)}{M_o}$	$(8)\times24852$	$(5)+(9)$
400	75.966	76.880	21770	21687	4.9123	6.6898	0.036100	897.2	
333	67.610	68.424	19610	19519	4.8471	6.6010	0.035600	884.7	20404
282	24.025	24.314	6025	5988	1.2081	1.6452	0.008880	220.7	6209
201	75.382	76.289	14930	14824	1.0694	1.4564	0.007860	195.3	15019
125	141.772	143.477	17900	17798	0.4910	0.6687	0.003610	89.7	17888
80	150.526	152.337	10775	10737	0.1394	0.1898	0.001025	25.5	10763
41	224.750	227.454	8725	8700	0.3083	0.4200	0.002247	55.8	8756
0	0		8525	8517	0.4772	0.6499	0.003510	87.2	8604
残余	240.367		175	175	12.8250	21.1000	0.116400	2892.8	3068

表压力 $9.807 \times 10^4 N/m^2$	容器中剩余体积，cm³		偏差系数		反凝析油量			累积采出量	
	标准状况下体积	在容器中所占体积	气相	双相	液柱高 mm	体积 cm³	占孔隙百分数 %	体积 cm³	采收率 %
(1)	(11)	(12)	(13)	(14)	(15)	(16)	(17)	(18)	(19)
	$\sum(10)-(10)_i$		$\dfrac{p_a\times(3)\times T_o}{p_o\times(10)\times T_1}$	$\dfrac{p_a\times(12)\times T_o}{p_o\times(11)\times T_1}$		$(15)\times K$	$\dfrac{(16)}{(12)}$	$\sum_{i=1}^{7}(10)_i$	$\dfrac{(18)}{\sum(18)_i}$
400									
333	70307	235.759	0.9246	0.9246	0	0	0	0	0
282	64098	235.959	0.9148	0.8600	14.7	10.5	44.5	6209	8.83
201	49079	235.759	0.8471	0.8011	31.6	27.1	11.49	21228	30.19

表压力 9.807×10^4N/m^2	容器中剩余体积, cm^3		偏差系数		反凝析油量			累积采出量	
	标准状况下体积	在容器中所占体积	气相	双相	液柱高 mm	体积 cm^3	占孔隙百分数 %	体积 cm^3	采收率 %
(1)	(11)	(12)	(13)	(14)	(15)	(16)	(17)	(18)	(19)
	$\sum(10)-(10)_i$		$\dfrac{p_a\times(3)\times T_o}{p_o\times(10)\times T_1}$	$\dfrac{p_a\times(12)\times T_o}{p_o\times(11)\times T_1}$	$(15)\times K$		$\dfrac{(16)}{(12)}$	$\sum\limits_{i=1}^{7}(10)_i$	$\dfrac{(18)}{\sum(18)_i}$
125	31191	235.159	0.8344	0.7843	33.3	28.8	12.22	39116	55.64
80	20428	233.659	0.9467	0.7650	30.9	26.4	11.20	49879	70.94
41	11627	235.759	0.9012	0.7008	29.0	24.5	10.39	58635	83.40
0	3068	238.359			25.5	21.1	8.95	67239	95.64
残余								70307	

注：p_a—绝对压力；Q—水蒸气压；ρ_{20}—20℃时油罐油密度；M_o—油罐油平均摩尔质量；
K—容器标定系数；p_1，V_1，T_1—测定压力、体积和温度。其他符号同前。

必须指出，每个国家都有自己的天然气标准状态。我国使用的标准状态为 $0.9807\times10^5\text{N/m}^2$ 和 20℃。本文所采用的是此标准状态。表中所列压力均为表压，在进行气体计算时，应使用绝对压力。

衰竭过程中累计采出量的计算

计算结果如表 4 所示。

表 4 衰竭过程中累计采出量的计算

百万标准立方米原始流体累计采出量		油气藏压力，9.807×10^4N/m^2						
		原始压力	333	282	201	125	80	41	0
井流物，10^3m^3		1000	0	88.3	301.9	556.2	709.2	833.8	956.3
闪蒸分离	油罐液量，m^3	334.54	0	24.20	45.62	55.46	58.26	64.44	—
	气量，10^3m^3	956.59	0	85.17	295.99	549.03	702.03	826.63	—
产出井流物中各重组分产量，kg	丙烷	61030	0	5340	18100	32270	40682	48538	—
	丁烷	55560	0	4651	15179	25132	30935	37075	—
	戊烷以上	279000	0	19631	46745	65357	74656	84665	—

注：采出量是以装置效率 100% 计算的。

第一列为露点压力下产出百万标准立方米井流物，闪蒸后所得到的油罐油量、气量以及丙烷、丁烷、戊烷以上组分的量。

油罐油量的求得如下：

由表 3 中 $333 \times 9.807 \times 10^4 \text{N/m}^2$（露点压力）一行的 $\dfrac{(7)}{(10)} \times 1000000$ 求得。

气量的求得如下：

由表 3 中 $333 \times 9.807 \times 10^4 \text{N/m}^2$（露点压力）一行的 $\dfrac{(5)}{(10)} \times 1000$ 求得。

丙烷、丁烷以及戊烷以上产量的计算同井流物重质含量的计算，这里不再重述。

以后各压力级的计算同第一列类似，不过要乘上该压力级的采出百分数。再把这些采收量逐级累加即得累计采出油量、气量和重质组分量。

累计采出量计算中，各级压力下的油量和气量是用闪蒸实验求得的，由于凝析气的凝析液量很少，一般很难用实验方法求得各级分离器的液量和气量。如果需要这些量（如分离试验），最好根据各级衰竭压力下井流物的组成，用物质平衡方程和平衡常数来计算各级分离器中的液量和气量。

参 考 文 献

[1]［美］M B 斯坦丁．地下石油与天然气的相态特性［M］．徐怀大，译．中国工业出版社，1966.

[2] 岳清山等．油气藏地层流体样品的地面取样和配样方法［J］．石油勘探与开发，1986，13（1）.

冀东柳 10 块 S_3^5 油藏提高采收率潜力评估

(1991 年 12 月)

柳 10 块是冀东柳赞油田的一个主力断块，其储量约占柳赞油田总储量的 50%，而柳 10 块的 S_3^5 又是柳 10 块的主力油层，其储量占柳 10 块的 70% 以上。

柳 10 块 S_3^5 油藏的总体方案（1990 年 1 月）预测，其一次采收率 9%，注水开发方案（1990 年 12 月）预测，其水驱采收率为 20%。由于一次和二次采收率预测都非常低，故中国石油天然气总公司在开始实施注水开发方案的同时，于 1991 年 1 月又安排了该油藏提高采收率开发方法可行性研究这一课题，以便一旦注水开发效果不好时能及时转为提高采收率方法的开发。

油藏基本特征

有关柳 10 块 S_3^5 油藏特征，在总体方案和注水开发方案中都作了详细描述，这里只摘录其主要特征。

柳 10 块位于柳赞油田构造的背部，其构造面积 2.58km²，含油面积 2.37km²，构造高度 250m，油柱高度 180m，构造形态及开发井位如图 1 所示。

柳 10 块 S_3^5 油层为近源水下扇沉积，属水下扇中扇沉积亚相。其油层为一套灰色到灰白色的砂砾岩、含砾砂岩及中粒砂岩与灰褐色和灰绿色泥岩互层的薄层状油层。由于洪水泛滥程度大小以及水下河道的不断改道，造成横向上连通性很差，砂体宽度在 300 ~ 900m 之间。在通常的开发井距 250 ~ 350m 下，其连通系数只有 50% ~ 60%。

柳 10 块 S_3^5 油层组平均厚度 25m，平均孔隙度 16.2%，平均渗透率 80mD，属中低孔渗油层。

柳 10 块 S_3^5 油藏油的特点是相对密度低，黏度小。柳 10 井的高压物性分析结果是：

原始饱和压力	13.7MPa
原始气油比	97m³/t
地层油体积系数	1.2595
地层油黏度	0.94mPa·s

28

油罐油密度（20℃）	0.8244g/cm³
地层油压缩系数	$11.19×10^{-4}$MPa^{-1}
地层水压缩系数	$5.568×10^{-4}$MPa^{-1}
地层水黏度	0.3mPa·s
地层水总矿化度	2776mg/L

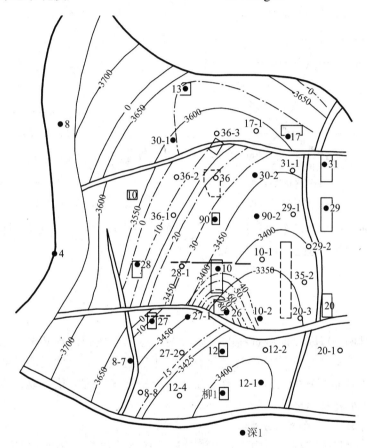

图 1　柳 10 块构造形态及开发井位

柳 10 块 S_3^5 油藏的原始油藏压力 35.4MPa，油藏温度 115℃，油藏原油储量 $436×10^4$t。

油水、油气相对渗透率如图 2 和图 3 所示。

柳赞油田于 1980 年在柳 1 井获工业油流而被发现。随后进行了详探，到 1989 年，共钻探井 34 口，其中 18 口井进行了试油，有 9 口井获5t/d 以上的产量。

随着柳赞油田的详探，逐渐落实了柳 10 块的油藏基本特征，因而在详探期间柳 10 块 S_3^5 油藏的探井就陆续投入了试采。到 1991 年 6 月，柳 10 块 S_3^5 油藏

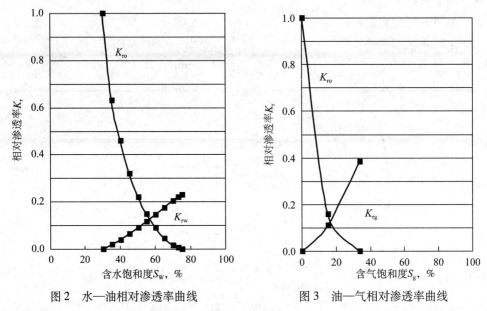

图2 水—油相对渗透率曲线   图3 油—气相对渗透率曲线

已累计产油 20×10^4t，采出程度 4.5%，产水 1.3×10^4t，综合含水 22.6%，试注水 4.3×10^4t。油藏压力已降到 17MPa。

油藏工程分析

通过对柳 10 块 S_3^5 油藏资料的了解发现，总体方案和注水开发方案的设计指标，与油藏基本特征和试采动态之间有许多矛盾之处。为了使提高采收率开发方法研究能在可靠的基础上进行，有必要进行一些油藏工程分析，以给出正确的油藏描述和注水开发指标。

1. 关于油藏连通性的分析

前面油藏基本特征一节中提到，该油藏连通性非常差，350m 井距条件下只有 50% 油层能保持连通。但这又与水下扇中扇沉积亚相不太相符。

油层连通性是关系到各种驱替开发方法开发效果的重大问题，因此有必要对其进一步进行更深入的研究。该油藏到 1991 年 6 月已生产了较长时间，已可以利用生产数据，通过物质平衡计算来评估其连通性的好坏。

（1）因压降引起的油藏总膨胀量，计算式为：

$$V_{\mathrm{p}} = （V_{\mathrm{c}} \times C_{\mathrm{c}} + V_{\mathrm{o}} \times C_{\mathrm{o}} + V_{\mathrm{w}} \times C_{\mathrm{w}}）\times \Delta p \tag{1}$$

式中 V_{p}——压降引起的油藏总膨胀量，m^3；

V_o——油藏中油所占据的体积，m^3，其值为：

$$V_o = N \times B_o / \rho_o = 436 \times 10 \times 1.2595/0.8244 = 666 \times 10^4 \ m^3$$

V_w——油藏中水所占据的体积，m^3，它由两个部分组成，一部分是在油层孔隙中以束缚水状态存在的水，其体积为：

$$V_{w_1} = V_\phi \times S_w = V_o \div S_o \times S_w = 666 \times 10^4 \div 0.75 \times 0.25$$
$$= 888 \times 10^4 \times 0.25 = 222 \times 10^4 \ m^3$$

另一部分充满水层孔隙中的水 V_{w_2}，从断块油水分布看，水体约为油藏体积的 1/4，即：

$$V_{w_2} = 0.25 V_\phi = 0.25 \times 888 \times 10^4 = 222 \times 10^4 \ m^3$$
$$V_w = V_{w_1} + V_{w_2} = 222 \times 10^4 + 222 \times 10^4 = 444 \times 10^4 \ m^3$$

V_c——油藏总孔隙体积，m^3；

$$V_c = V_\phi + 0.25 V_\phi = 1.25 V_\phi = 888 \times 10^4 \times 1.25 = 1110 \times 10^4 \ m^3$$

C_c——岩石孔隙压缩系数，根据经验公式求得，为 $5.719 \times 10^{-4} MPa^{-1}$，$MPa^{-1}$；

C_o——油的压缩系数，其值为 $11.19 \times 10^{-4} MPa^{-1}$，$MPa^{-1}$；

C_w——水的压缩系数，其值为 $5.568 \times 10^{-4} MPa^{-1}$，$MPa^{-1}$；

Δp——油藏开采所引起的压降，MPa。

$$\Delta p = 35.4 - 17 = 18.4 \ MPa$$

将各项参数值代入式（1），得：

$$V_p = 1110 \times 10^4 \times 5.719 \times 10^{-4} + 666 \times 10^4 \times 11.19 \times 10^{-4}$$
$$+ 444 \times 10^4 \times 5.568 \times 10^{-4} \times 18.4$$
$$= 30.0 \times 10^4 \ m^3$$

（2）采出流体的地下总体积（Q_p），可用下式计算：

$$Q_p = Q_o \times B_o / \rho_o + Q_w - W \qquad (2)$$

式中 Q_o——累计采油量，t；

Q_w——累计产水量，m^3；

W——累计注水量，m^3；

B_o，ρ_o——油的地层体积系数和密度。

将各项参数值代入式（2）得：

$$V_p = 20 \times 10^4 \times 1.2595/0.8244 + 1.3 \times 10^4 - 4.3 \times 10^4 = 27.6 \times 10^4 \ m^3$$

（3）分析：

①从计算的总产出体积与总膨胀体积看，总产出体积约为总膨胀体积的 92%。

这就是说，因压力下降引起的总膨胀量有90%多被释放出来。这表明，在目前很稀的探井开采条件下，油藏（包括水体部分）90%以上的体积与这些井连通，那么较密的开发井的连通更没有问题。

②总膨胀量大于总采出量，这说明降压过程中没有流体窜入断块，说明断块的S_3^5层是封闭的。

2. 关于开发井产能低的原因分析

从1991年初，柳10块S_3^5开始实施注水开发方案，陆续打了一批开发井并进行了试油。试油结果很不理想，油井产能都很低，有些井甚至无产能。这引起了人们的普遍关注。特别是对造成这一结果的原因的思考。注水方案设计人员的解释基本有二：一是冀东油田的油藏大多是"水上漂"、"油帽子"；二是柳10块S_3^5油藏的"好油层都已受过水的冲洗，只有差油层中还含一些油"。总之，油藏中无油是开发井产能低或无产能的根本原因。

其实这些说法是不存在的。所谓"水上漂"、"油帽子"的说法是形容大构造中只有构造顶部聚集一点油的油藏。柳10块S_3^5油藏绝不是这种情况。油藏基本特征告诉我们，该油藏的构造面积2.58km²，含油面积2.37km²，构造圈闭高度250m，油柱高度180m，是一个充满程度非常高的油藏。

"好油层已被水冲洗过"的说法更不成立，不但世界上没有一个这样的油藏，更不符合油水基本运移规律。除靠近油水边界的井外，所有井生产的油都不含水这一事实也说明，"好油层已被水冲洗过"的说法根本不存在。所以产生这种说法，可能是受柳90井岩心饱和度分析资料的影响。的确，岩心分析结果是好油层段含油饱和度反而低。我们知道，在水基钻井液取心的情况下，油层物性越好的层段，钻井液冲刷越重；另外，岩心取到地面时，因溶解气的脱出排出油也越多，因而物性越好的层段，其岩心中的含油饱和度就越低。

我们认为，开发井产能低或无产能的根本原因，是油藏高度卸压后油层受到钻井液和完井液的严重伤害造成的。

事实上，该油藏初期探井的产能是相当大的。据统计，初期探井平均比采油指数为1.0t/（d·MPa·m），按平均油层厚度计算，在2～3MPa的生产压差下，油井平均产量有50～75t/d。

我们通过钻探井与钻开发井时，钻井液对油层压力的差别可见一斑。这里我们设钻井液相对密度都为1.3（据调查在1.3～1.4之间）。钻探井时地层压力还在原始压力35.4MPa左右，那么钻井液对地层的压力是11MPa（36×1.3-35.4）。而到了钻开发井时，油藏压力已降到17MPa，这时钻井液对地层的压力就是30MPa了（36×1.3-17）。如果11MPa压力造成的油层伤害，在油藏压力35MPa时还可通过抽吸降低井底压力，让油喷出从而部分解除污染堵塞，而30MPa压力造成的堵塞，再通过抽吸来解堵就绝对做不到了，因为这时油藏压力只有17MPa了。因而开发井产能低或无产能是很自然的。

3. 一次和二次开采采收率的预测

开发方案预测，柳10块 S_3^5 油藏一次采油采收率为9%，二次采油采收率为20%。我们认为，这些预测大大偏低。为了使提高采收率研究有个比较可靠的对比基础。这里有必要对一次和二次采油采收率重新做预测。

前面的各项分析表明，柳10块 S_3^5 油藏储量落实可靠，油藏连通性良好并具有较高的产能，是一个完整较好的油藏，可以用通常的预测方法预测它的一次和二次采油的采收率。

1）一次采收率预测

柳10块 S_3^5 是一个高度欠饱和油藏，有较大的弹性能量，它又是一个气油比很高的油藏，也有较大的溶解气驱能量。

从已有的生产数据看出，该油藏弹性能量的采出程度约为5%；溶解气驱能量的采出程度，根据溶解气驱经验公式算得为15%。因而靠天然能量的一次采油的采收率大约为20%。

2）二次采油的采收率预测

由于油藏已投入了注水开发，另外，提高采收率方法的基础——水驱采收率需要准确可靠，因此对水驱采收率的预测需要谨慎从事。这里我们进行了3种方法的预测，结果如下：

（1）经验公式法：

采用公式	水驱采收率
Cuthri 公式	44%
美国石油学会水驱砂岩公式	44%
陈元千公式	38%

（2）油水相对渗透率、油水黏度比及油层非均质的理论法 [1]，理论公式为：

$$E_R = \left[1 - \frac{B_{oi}}{B_o} \left(\frac{1 - \overline{S}_w}{1 - S_{wi}} \right) \right] \cdot C \tag{3}$$

式中　E_R——水驱采收率，%；

B_{oi}，B_o——原始油藏压力和注水保持油藏压力下油的体积系数；

S_{wi}，$\overline{S}_w$——原始和含水98%时波及区的平均含水饱和度；

C——考虑流度比和油层非均质性影响的校正系数，其计算式为：

$$C = \frac{1 - V_p^2}{M}$$

式中 V_p——渗透率变异系数，用柳90井岩心统计该油藏为0.67。

M——水油流度比，利用油水相对渗透率曲线及油水黏度值求得其值为0.71。

因此：

$$C = \frac{1 - 0.67^2}{0.71} = 0.775$$

将各项参数值代入式（3）得：

$$E_R = \left[1 - \frac{1.2595}{1.2770} \times \left(\frac{1 - 0.67}{1 - 0.32} \right) \right] \times 0.775 = 40\%$$

（3）数值模拟法：

在为提高采收率方法预测开发指标建立的油藏模型上，进行了水驱采收率预测，结果为42%。

由以上几种方法预测的结果看，水驱采收率都集中在42%左右，故确定该油藏的水驱采收率为42%

4. 注水压力（井口）的估计

注水工艺方案设计的注水压力（井口）非常高（35MPa），我们认为可能偏高，这会误导购买高压注水设备，造成浪费。这里我们给出我们的设计，以便建设者们参考。

据早期探井统计，生产压差3MPa，油井产量60t/d左右。随着注水开发，为了稳产，生产压差最大也就放大到6MPa。据此，我们保守地设定，注水压差为生产压差的3倍，那么最大注水压差为18MPa。在注水保持油藏压力25MPa的条件下，注入井的井底流压最大为43MPa。那么在不考虑摩擦阻力损失的情况下：

注水压力 = 井底流压 − 水柱压力 =43−36=7 MPa

考虑到磨损，在选购注入设备和注水管线的承压能力时，以15MPa考虑足够了。

提高采收率的评估

柳10块S_3^5油藏有没有可适用的提高采收率方法，可用的方法其提高幅度有多大，本节就是对这些问题做出评估。

1. 适用于柳10块S_3^5油藏提高采收率方法的初筛选

将柳10块S_3^5油藏的特征参数，对照各种提高采收率方法的筛选标准可看出，较适合柳10块S_3^5油藏的可能方法是烃混相和CO_2混相驱。

2. CO_2 混相驱潜力分析

对选定的可适用于该油藏的提高采收率方法烃混相和 CO_2 混相，应进一步进行其潜力分析。由于没有该油藏的油气组分分析资料，暂时不能做烃混相的潜力分析。另外，对该油藏来说，烃混相与 CO_2 混相的潜力应基本相当，CO_2 混相潜力也基本能代表烃混相的潜力。因此决定暂时先只做 CO_2 混相潜力的评价。由于该次研究是评估性质的，不可能准备大量的有关资料，有些不得不借用有关资料和经验关系。

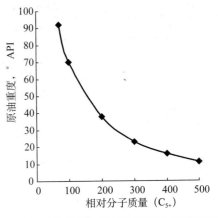

图 4　原油重度与相对分子质量之间的关系

在评估 CO_2 混相驱潜力时，首先要对能否混相做出评估。根据加拿大《石油工艺》（1981 年 7 月）提供的 CO_2 最小混相压力图版（图 4 和图 5）得知，该油藏的 CO_2 最小混相压力为 21MPa，而用经验参数法（表 1）为 11MPa。该油藏原始压力 35.4MPa，注水保持压力 25MPa。即在该油藏条件下 CO_2 足可与油藏油混相。

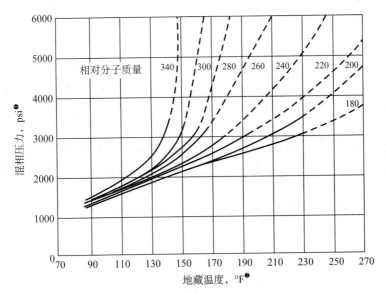

图 5　不同相对分子质量原油的混相压力与油藏温度的关系

❶ 1psi=6.895kPa。

❷ $1℃ = \dfrac{5}{9}$（℉ -32）。

表 1　CO_2 最小混相压力的经验参数法

原油重度，°API	混相压力，psi	油层温度	校正值
< 27°	4000	< 120 ℉	0
27° ~ 30°	3000	120 ~ 150 ℉	+200
> 30°	1200	150 ~ 200 ℉	+350
		200 ~ 250 ℉	+500

由于是评估性质，对 CO_2 混相驱提高采收率的潜力评估，我们用的是美国 EORPM CO_2 混相驱预测模型。在该模型上首先进行最佳注入工艺参数优化，并确定最佳水气比为 2.5∶1；最佳 CO_2 用量为 0.18HCPV；最佳周期为 4 个。然后，在最佳注入工艺下对 CO_2 混相驱进行效果预测。结果是 CO_2 混相驱可使柳 10 块 S_3^5 油藏的最终采收率提高到 57%，比水驱提高 15 个百分点。

结论和建议

1. 结论

（1）经研究认为，柳 10 块 S_3^5 是一个很好的油藏，其一次采油采收率为 20%，注水开发采收率为 42%。

（2）初步评估，混相驱可大幅度提高该油藏的最终采收率，CO_2 混相驱比水驱可提高 15 个百分点。

（3）该油藏开发中遇到的最大问题是开发井的油层伤害非常严重，这是影响油藏今后开发效果的最大问题。

2. 建议

（1）努力解除油层伤害，恢复油井产能，如有必要，可重新钻一些关键井。

（2）从潜力分析看，混相驱潜力较大，在注水开发的同时，可安排转混相驱的各项研究工作。

（3）原油组分分析是稀油油藏的重要基础资料，应尽快安排取样分析工作，以免失去取得该资料的时机。

面十二块沙三中油藏聚合物驱可行性研究

(1992 年 2 月)

胜利油区八面河油田十二区块沙三中油藏注水开发，由于地层油黏度高，水驱开发效果较差。注水开发 5 年，采出程度只有 10%，而生产含水已达 85%。因此江汉石油管理局清河采油厂委托北京石油勘探开发科学研究院采收率所进行聚合物驱可行性研究，本文就是这一研究的内容和结果的汇总。

油藏基本特征描述

这里先简述其油藏基本特征和开发现状。这是根据江汉石油管理局所提供的有关面十二区沙三中的地质、油藏和开发报告整理出来的。

1. 油藏位置

八面河油田位于山东省寿光县羊口镇以西 10km 处，面十二区是该油田的一个区。

2. 构造特征

八面河十二区沙三中是由八面河断层和 15、16 号断层切割而围成的一个三角形封闭的构造油藏。构造面积 1.26km^2，圈闭高度仅 30m，构造内比较平缓，油层中部深度 1100m，只有东北角下陷，形成一个小的边水区，油水界面深度 −1150m。构造特征如图 1 所示。

3. 沉积特征

面十二沙三中属古近系的湖相三角洲前缘沉积相，物源来自东北边的青坨子凸起，沉积物中粗碎屑物以细砂岩和粉砂岩为主，细碎屑物以绿灰色或灰绿色泥岩为主。

4. 储层岩性和物性

面十二区沙三中 II 油组是面十二区沙三中的主力油层。它包括两个砂层组 II$_1$ 和 II$_2$，平均有效厚度 8.6m。它为矿物成熟度低的杂砂质长石砂岩，颗粒较细、粒度中值为 0.13mm。分选中等，分选系数 1.55。泥质胶结，胶结疏松，胶结类型属孔隙—接触式。

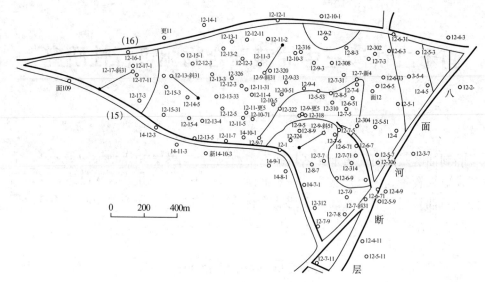

图 1　面十二区沙三中顶面构造图

黏土含量 9%，其中蒙皂石占 48.1%，高岭石占 25.9%，伊利石占 17.3%，绿泥石占 8.7%。

根据 12-10-5 井的岩心分析资料统计，沙三中 II 油组平均渗透率 1127mD，平均孔隙度 37%。据邻区 4-6-19 井油基钻井液取心分析，平均含水饱和度 26.5%，含油饱和度 73.5%。岩心润湿性属中性偏亲油。

5. 隔夹层发育情况

面十二区沙三中 II 油组分两个砂层组，即 II$_1$ 和 II$_2$，它们之间隔层比较稳定，平均厚度 4.8m。

各砂层组分层数较少，一般只有 2 ~ 3 层，小层内夹层也比较发育，各小层内多有 3 个以上夹层。

6. 油藏流体性质

该区沙三中无高压物性资料，地面原油密度平均 0.952g/cm³，50℃下脱气油黏度平均 1560mPa·s。根据胜利油田的经验公式计算，地层油黏度为 150mPa·s。地层油体积系数借用面一区的取值 1.092。

地层水总矿化度 13600mg/L，钙镁离子含量 650mg/L

天然气借用邻区 4-5-19 井的，相对密度为 0.5763。

7. 油藏温度和压力

根据测温和测压统计，油藏温度 65℃，原始油藏压力 11.28MPa。

8. 渗流特征

本区没有做油水相对渗透率试验，因此借用邻区 4-7-25 井的相渗曲线，束缚水饱和度24%，残余油饱和度46%（图2）。

9. 储量

储量计算用的是容积法，为176×10⁴t。所用参数：含油面积1.16km²，有效厚度8.6m，孔隙度31%，含油饱和度65%，地层油体积系数1.092，原油密度0.952g/cm³。

10. 开发历程和现状

该油藏1987年投入开发，到1991年底，已注水开发5年，总的生产特点是注水开发见水早，含水上升快，采出程度很低就到了高含水期。

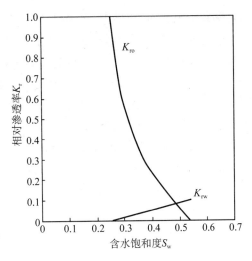

图2 4-7-25井沙三中的油—水相对渗透率曲线

从投产到目前，尽管只有5年的开发，但已进行了两次重大调整，可大致分为3个开发阶段：

开发初期（1987年3月至1990年4月）。该阶段陆续投产了10口生产井，3口注水井，形成了一定的生产规模。但该阶段已表现出见水早，含水上升快的特点，到本阶段末，生产含水已达25%，含水上升速度平均为每采出1%储量达8.8%。

加密调整期（1988年9月至1989年6月）。在此阶段初，增打了一大批加密井，生产井达19口，注水井达6口。该阶段初期生产特点是采油速度高（4.7%）；含水上升速度有一定减缓（4.7%），但到该阶段后期又开始快速上升，达到10.5%；随着含水的上升，产量也大幅度下降，由该阶段初期的4.7%下降到该阶段末期的2.1%。到该阶段末，生产含水达79.4%，采出程度只有8.8%。

综合调整期（1990年5月至1990年底）。本期开始进行了综合调整，又打了12口井，并转注了两口井。经综合调整后，含水上升速度下降，降到4.2%，产量也有所稳定，但这是调整的初期，今后如何发展，根据前两个开发期的表现看，不容乐观。

到1990年底，油藏有油井27口，水井11口，生产含水84.5%，采出程度10%。

油藏工程分析

分析前面油藏基本特征描述可看出，过去的油藏特征研究，有些重要特征参数没有给出，有些给出了，但自相矛盾，有些特征描述又与水驱理论相矛盾。为了给出缺少的特征参数，解决描述中的矛盾，以便能正确判断该油藏合适的开发方式及开发特征，这里有必要先进行一些油藏特征参数的补充和确定。

1. 油藏非均质性——渗透率变异系数的确定

以油藏渗透率变异系数表示的油藏非均质性，能最好地表现油藏非均质性对水驱的影响。油藏工程理论已能做到，只要知道油藏的渗透率变异系数和油水黏度比，就能基本判断出注水开发的含水上升规律和水驱最终采收率。但这一重要参数在油藏基本特征描述中并没有提供。

为了求得油藏的渗透率变异系数，我们统计了 306、310 和 6-19 三口井的电测解释结果，并绘制了如图 3 所示的渗透率分布与累积样品量的对数—概率图，用渗透率变异系数的定义式：

$$V_p = \frac{\overline{K} - K_\sigma}{\overline{K}}$$

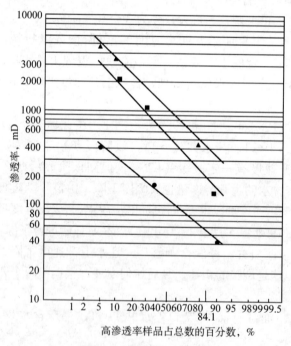

图 3 渗透率对数—概率分布

计算了三口井各自的渗透率变异系数，它们分别为 0.62，0.58 和 0.56。这些结果表明，面十二区沙三中油藏的渗透率变异系数平均为 0.58 左右，非均质性属中等，符合它的湖相三角洲前缘沉积。

40

2. 面十二区沙三中油藏的油井是否有无水产油期

我们一接到本项研究后，就听油藏管理者说："该油藏的油井投产就含水，没有无水产油期"。油井是否有无水产油期关系到油藏原始条件下油藏内是否有可动水饱和度的问题，它直接关系到油藏原始含油饱和度的高低。为了搞清这一问题，我们统计了油藏投产初期投产的 10 口油井和 3 口水井。把处于 3 口水井周围对应油井（图 4）的见水情况，列于表 1。

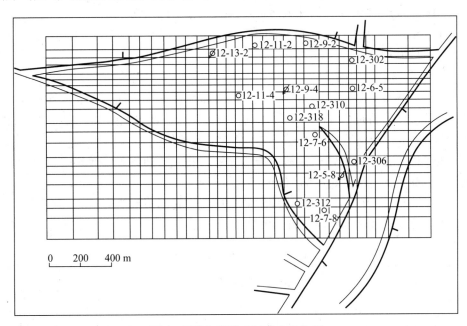

图 4　开发初期投入的油水井位置

表 1　面十二区沙三中油藏中早期投产油井的见水情况

注水井	5−8		9−4			13−2
投注日期	1988.3		1987.12			1987.10
对应油井	7−6	7−8	11−4	310	318	11−2
投产日期	1987.6	1988.8	1987.6	1988.10	1988.12	1987.6
见水日期	1988.8	1988.12	1988.4	1989.2	1988.12	1987.12
无水生产期，月	14	4	10	4	0	6
见水时间，月	5	4	5	4	0	3

表中的无水生产期，是指油井投产到生产含水的一段时间。见水时间，是指每对对应油水井，从晚投入（投产或投注）的井投入开始，到油井见水的这

段时间。由表中数据可以看出，除318井以外，其余油井都有较长的无水生产期。其实，如果没有水井投注，油井生产到枯竭可能都不会含水，说明油藏中没有可动水。另一方面，油井见水时间都只有3～5个月，说明水的波及差而突进很快。

至于318井投产就含水的原因，是因为318井投产一年前，对应的水井9-4井就已投注，而且在318井方向距注入井更远的7-6井在一年半前就已投产。因此在318井投产时9-4井的注入水很可能已推过了该井位置。

至于低部位（油藏东北角）的302、6-5和306井，尽管它们周围没有注水井，但这些井投产就含水，说明它们处于油水过渡带上。

3. 地层油黏度的确定

地层油黏度是影响水驱特征的最重要参数，但面十二沙三中没有这方面的资料，在油藏基本特征描述中，是用胜利油田经验公式通过地面脱气油黏度计算的，为150mPa·s。但从开发特征看，这一估计值有些偏高。

为了确定面十二沙三中油藏的原油黏度，我们从油藏工程教科书的经验图版查得，该油藏的地层油黏度为20mPa·s。

为了验证图版的精度及对该油藏的适用性，我们将手头有较全资料的几个油田和本油藏邻区油藏的实测与查图值列入表2。

表2　几个油田原油性质实例与图版黏度数据表

油藏名称		地面油密度 g/cm³	油藏温度 ℃	气油比 m³/t	地层油黏度，mPa·s	
					实测值	查图值
大庆油田喇嘛甸		0.8653	45	45	10	10
河南油田双河Ⅱ₅		0.9269	70	7.1	7.8	9.0
辽河油田锦16块		0.9300	56	37	17.4	15.0
冀东油田柳10块		0.8244	116	97	0.94	1.2
八面河油田	面1	0.9259	65	34	36.0	10.0
	面4	0.9229	71	38	22.0	6.0
	面14	0.9316	74	24	58.0	15.0

从表2中的数据可看出，八面河以外的几个油藏，其实测值与查图值非常一致，而八面河油藏的实测值要比查图值大3.7倍左右。这可能是图版不适用八面河油藏原油或实测值有问题。但不管原因如何，从实测与图版值的倍数看，面十二区沙三中油藏的地层油黏度应为75mPa·s左右。这一值也正符合了本油藏的开发特征（见笔者统计的我国油田油水黏度比与水驱采收率的关系图5）。

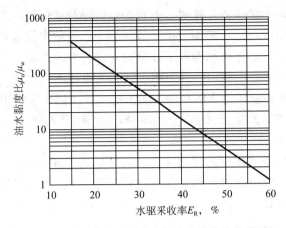

图5　砂岩油藏水驱采收率与油水黏度比的关系

4. 孔隙度和渗透率的确定

在油藏基本特征描述中，岩心分析的平均孔隙度为37%，平均渗透率为1127mD。显然，都偏高，这可能是因为胶结疏松常规岩心分析时，没有加上覆压力造成的。储量计算中考虑到上覆压力的压实作用，取孔隙度为31%。这一取值要合理些，但精度如何，这里再用美国岩心公司的经验图版加以验证（图6）。由经验图版得该油藏的孔隙度校正系数为0.85，渗透率校正系数为0.6。经校正，面十二区沙三中的孔隙度为30.2%，渗透率值为725mD。看来储量计算中的取值更为合理，决定孔隙度取值30%。

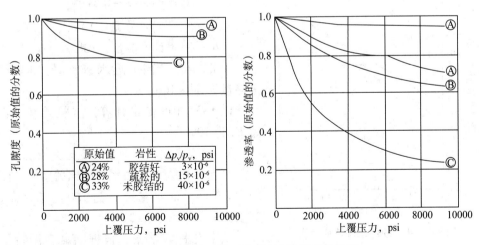

图6　上覆压力下地面孔隙度和渗透率的校正

5. 原始含油饱和度的确定

油藏基本特征描述中有两处提到面十二区沙三中的原始含油饱和度，一次是借用邻区 4-6-19 井油基钻井液取心的岩心分析结果 73.5%，一次是储量计算中用的是 65%。我们知道，正像本文第一节所示，该油藏中没有可动水，水是以束缚水状态存在的。岩心分析和油藏工程经验告诉我们，像面十二区沙三中这样的高孔高渗、弱亲油的疏松砂岩，其束缚水饱和度绝达不到 35%。而油藏岩性特性相近区块分析结果更能接近本区块的真实情况。考虑到该区块闭合高度低（10～20m），我们认为该区的原始含油饱和度取 70% 更为合理。

6. 储量的确定

在油藏基本特征描述中用容积法计算的储量为 176×10^4t。经油藏工程分析，计算储量的参数，原始含油饱和度、孔隙度有所变化，那么根据变化后的这些参数计算的储量应为 183×10^4t。

7. 水驱采收率预测

水驱采收率是聚合物驱提高采收率的对比基础，对此我们要做出比较可靠的估计，这里我们用了几种方法进行评估。

1）经验公式法

（1）美国 Guthrie 公式：E_R=22%；

（2）中国全国储委的公式：E_R=26%。

2）水驱特征曲线法

首先将生产数据进行统计并划在半对数坐标纸上（图 7）。图中的直线方程为：

$$\lg W_p = 0.4425 + 0.641 N_p$$

式中　W_p——累计产水量，10^4m³；

　　　N_p——累计产油量，10^4t。

由此求得，当生产含水 98% 时，水驱可采储量为 34×10^4t。

以 183×10^4t 储量计算，水驱最终采收率 E_R 为 19%。

3）水驱采收率与油水黏度比关系法

由水驱采收率与油水黏度比关系图（图 5）可查得，油水黏度比为 150 的该油藏，其水驱采收率 E_R 为 22%。

以上几种评估中，根据油藏实际特征

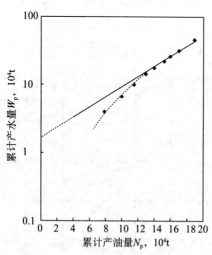

图 7　面十二块的水驱特征曲线

（采出程度 10%，生产含水已 85%），全国储委公式的结果显然偏高；水驱特征法是用目前生产条件预测的，该油藏才生产 5 年，今后还会有多次调整，故它的预测结果会有些偏低；综合考虑，该油藏水驱的最终采收率取 22% 是比较合理的。

8. 油水相对渗透率的确定

本区没有自身的油水相对渗透率曲线，借用邻区的是可以的，因为它们同处一种沉积条件，岩石物性应基本相同。但是这条借用曲线本身不合格。它的残余油饱和度为46%。根据我们试验室的经验，像这种高孔高渗疏松砂岩的水驱残余油绝不会如此高，最多25%。所以造成如此高的水驱残余油饱和度，是因为对油水黏度比大的岩心，很难驱到残余油，试验没有驱到真正的残余油状态。

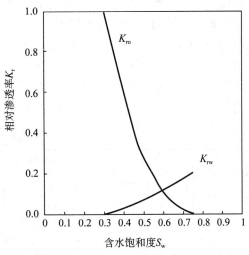

图 8　修正的油水相对渗透率曲线

这一曲线的不合理性，我们也可以从以下情况看出，根据该曲线的水驱残余油（46%）和油藏描述中所给的原始含油饱和度（65%），其驱油效率只有29%，即使根据本节确定的原始含油饱和度（70%），其驱油效率也只有34%。该油藏水驱采收率为22%。那么，按此计算，该油藏水驱波及效率达76%或65%。水驱经验告诉我们，像面十二沙三中这种高油水黏度比（150）的油藏，水驱波及效率绝达不到如此高，一般只有30%左右。

根据以上分析，把相对渗透率曲线的原始含水饱和度移到30%，残余油移到25%，水相渗透端点值高度保持相应高度，得到一条修正的该油藏的油水相对渗透率曲线（图8）。

室 内 试 验

室内试验的目的，一是为油藏选择合适的聚合物，二是测试所选聚合物的渗流特征参数，为聚合物驱数模计算提供参数。两方面的试验结果如下：

（1）针对该油藏的特定条件，通过聚合物相对分子质量、增黏性、盐敏性、传播性以及稳定性测定，选定PDA1020为比较适合该油藏的聚合物。该聚合物为日本产，为部分水解聚丙烯酰胺，其特征参数：相对分子质量 1450×10^4，水解度13.33%。

（2）对选定的PDA1020在油砂压制的岩心上进行驱替试验，测其阻力系数、残余阻力系数和滞留损失，其结果是：阻力系数为14.6，残余阻力系数为7.9，滞留量175μg/g（砂）。

历史拟合与油藏模型的建立

1. 油藏地质模型的建立

在国内外可行性研究中，大多数采用剖面油藏模型，以突出驱替规律并减少不必要的工作量。因此这里也采用剖面模型。

建立地质剖面模型所用的方法是：以油藏渗透率变异系数 0.58，平均渗透率为 725mD（即渗透率变异系数的对数—概率图上累计样品 50% 处的渗透率），按 10 个等分层（每层厚度 0.62m），分层孔隙度由孔隙度—渗透率关系查得，各分层的含油饱和度根据岩心公司实验的饱和度与渗透率的关系分配，各分层的分布按油藏反韵律排列。结果如表 3 所示。

表3 油藏剖面模型

序号	厚度，m	渗透率，mD	孔隙度，%	含油饱和度，%
1	0.86	2732	33.5	72
2	0.86	1525	32.1	72
3	0.86	878	30.8	71
4	0.86	662	30.2	71
5	0.86	514	30.1	70
6	0.86	403	30.0	70
7	0.86	313	29.8	69
8	0.86	237	29.3	69
9	0.86	166	28.6	68
10	0.86	89	27.4	66

2. 水驱历史拟合

将建立的油藏模型以及油藏工程分析中所确定的油藏特征参数、注入量和产液量输入 VIP-Polymer 数值模型进行拟合计算。拟合中只对相对渗透率曲线水相的端点值高度从 0.24 降到 0.2，水相渗透率曲线指数从 1.5 变为 1.8，油相渗透率曲线指数从 2.9 降到 2.8 就做到了生产含水和采出程度的历史拟合（图 9 和图 10）。

为了给出 1993 年初开始聚合物驱时油藏的初始条件，又进行了一年的水驱预测计算，结果是，1993 初聚合物驱开始时的油藏初始条件是：采出程度 13.4%，生产含水 89.8%。

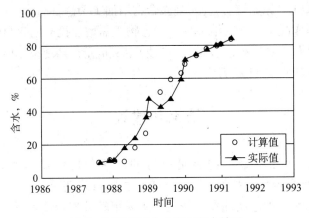

图 9　剖面模型含水历史拟合结果

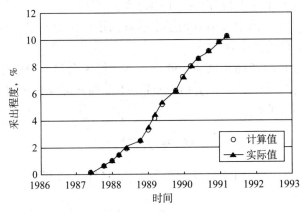

图 10　剖面模型采出程度历史拟合结果

聚合物驱效果预测及经济评估

为了给聚合物驱效果有个可比的基础，我们首先对水驱结果在数值模型上又做了一些预测。结果是水驱到 2003 年底，生产含水达 98% 时，水驱还能采 15×10^4t 油，最终采收率 21.9%。

然后对聚合物驱做了优化，选定聚合物用量 475mg/L·PV，浓度 700mg/L，注入速度 72m³/d，聚合物段塞组成：1300mg/L×0.15PV+800mg/L×0.2PV+400mg/L×0.31PV。

最后，在优化的注入条件下，计算了聚合物驱的效果：聚合物驱到含水 98% 时，产油 30×10^4t，比水驱增产油 14.8×10^4t，提高采收率 8.4 个百分点，最终采收率达 30.3%OOIP（原始储量）。每吨聚合物增油 117t。

用经济模型作经济评估的结果是：聚合物驱需增加投资约 3000 万元（包括建水站，购聚合物和聚合物处理设备）。在油价 485t/ 元，贴现率 10% 的条件下，聚合物驱比水驱增加收益 1157 万元。

结论和建议

（1）面十二沙三中聚合物驱是可行的，聚合物驱比水驱可提高采收率 8.4%OOIP，在油价 485 元 /t 条件下，可增加收益 1157 万元。

（2）面十二沙三中地层油黏度较大，宜采用较大聚合物用量，优选的用量是 475mg/L · PV。

（3）由于该油藏油水黏度比大，水驱已发生严重突进，建议聚合物驱前首先进行调剖处理。另外，由于该油藏地层水钙镁离子含量高，建议在调剖后注聚合物前，进行一段时间的淡水预冲洗。

（4）尽管聚合物驱能提高该油藏的采收率，但聚合物驱的最终采收率仍然很低，只有 30% 左右，仍有 70% 的油留于油藏中。因此应寻找更有效的开发方式，如火驱或蒸汽驱的可能性。

参 考 文 献

[1] F F 克雷格 . 油田注水开发工程方法 [M] . 张朝琛，译 . 北京：石油工业出版社，1981.

高 104-5 区块开发问题的分析

（1993 年 8 月）

冀东高尚堡油田高 104-5 区块于 1991 年初被发现，1991 年底完成 250m 井距的反九点注水开发井网，共钻 17 口井，其中油井 12 口，水井 5 口。

但一投产，就遇到了各种问题：油井产能远远低于预计产能；产能下降快，几个月就降到几乎无产能的地步；注水不见效；各种增产措施无效等困难局面。

为了解决油藏开发的困局，冀东油田委托北京石油勘探开发科学研究院采收率所对造成这些问题的原因进行分析，并提出解决问题的措施意见。本文就是这一工作的内容。

油藏基本特征

1. 构造特征

高 104-5 区块位于南堡凹陷北部高尚堡构造带的北缘中段，高柳断层上盘，并以断层为南界的鼻状构造上（图 1）。

2. 地层特征

高 104-5 区块广泛发育了一套新近纪河流相的碎屑岩与泛平原相的泥岩，不等厚互层的 Ng 组地层。

碎屑岩的砂砾成分以石英、燧石为主，长石次之，分选差，磨圆度以楞角状为主。泥质胶结，泥质含量 4.6%，其中蒙皂石占 43.6%，高岭石、绿泥石和伊利石分别占 32%、15% 和 10%。Ng 组沉积前，古地貌为北东高南西低的格局。靠近杨各庄和西南庄两个凸起的物源区。因此构成了 Ng 组为一套粒度较粗，机械分异不够充分的近物源冲积沉积体。整个 Ng 组地层平均沉积厚度 370m，沉积层序总体上为一套下粗上细的正韵律地层。与下伏的古近—新近系地层呈不整合接触，与上覆的明化镇地层呈整合接触。

3. 储层特征

高 104-5 区块 Ng 地层，共发育 20 个小砂层，其中 8 个为含油砂层，其 14 和 15 号小砂层为主力油层，它们的储量约占了高 104-5 区块的 93%。

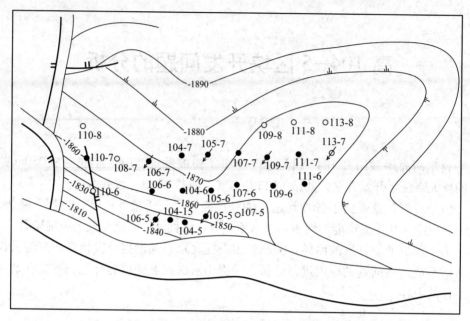

图1　高尚堡油田高105-5区块馆陶组（Ng）构造井位图

主力油层14和15小层，以中细砂岩为主，粉砂岩次之。14号油层含油面积约3km²，平均厚度3.3m，平均孔隙度29%，平均渗透率340mD，为边水层状油藏；15号油层含油面积0.4km²，平均厚度6.8m，平均孔隙度32%，平均渗透率780mD，为块状底水油藏。

4. 油藏流体性质

高104-5区块的原油属高密度（0.958g/cm³）、高黏度（50℃下脱气油黏度430mPa·s）、高胶质沥青质含量（34.4%）、低凝固点（-7℃）原油。原始气油比25m³/m³，饱和压力10.6MPa，根据Glas经验图版，地层油黏度50mPa·s，地层体积系数为1.152。

5. 油藏压力和温度

高104-5区块Ng油层中深1825m，原始油藏压力17.7MPa，油藏温度70℃。

6. 储量

油藏储量用容积法计算求得为369×10⁴t。

所用参数：

含油面积	3.1km²
平均有效厚度	7.3m
平均孔隙度	28%（经上覆压力校正的）
平均含油饱和度	70%

| 油罐油密度 | 0.9580g/cm³ |
| 地层体积系数 | 1.152 |

开 发 概 况

高 104-5 区块于 1991 年初在发现井 104-5 井取得高产（射开 15 号层的 2.6m，初产达 30t/d）后，于 1992 年 9 月完成 250m 井距的反九点注水开发井网并投产。投产初期平均单井产量只有 7.8t/d。

为了保持一定产量，很快普遍采用了深抽工艺（泵挂深度 1200 ~ 1300m），同时开始注水。但这些措施并没能保持住油井产量，投产几个月油井产量从初期的平均 7.8t/d 下降至 1 ~ 2t/d。

为了恢复油井产能，采取了多种增产措施，但没有见到明显效果。

到 1992 年 6 月，油藏共采油 2.5×10⁴t，注水 1.5×10⁴t，采出程度 1%。

油井产能低的原因分析

据开发井投产的 14 口井统计，投产初期平均单井产量只有 8t/d，远低于人们的预期值。为什么如此低的产能，原因可能有二：一是油藏条件所致，二是钻井完井对油层的伤害。

该油藏发现井 104-5 井的试采表明，产能相当高，射开 15 号层 2.6m 油层，初期产量达 30t/d，如果两层全部射开，估计产量将达 50t/d 以上。显然不是油藏条件所致。

我们说产能低的原因主要是钻井完井对油层的伤害造成的。依据有以下几点：

（1）该油藏的发现井并不是第一口穿过该油藏的井，此前已有多口井穿过该油藏，都没有发现油气显示。该井的发现只是一次意外发现，说明钻井液相对密度过大是普遍存在的。

（2）尽管 104-5 井产量相当高，但就在它的东西只有 100m 左右的 105-5 井和 104-15 井，以及在它北面 250m 左右的 104-6 井，其初产量都只有几吨，这充分说明了钻井伤害的严重性。

（3）冀东油田许多油藏因钻井对油层的伤害，造成油井产能低或无产能是很普遍的现象，如柳 10 块发现井柳 10 井也是一个高产井，但随后打的开发井就因钻井对油层的伤害而都成了产能低或无产能的井。

注水有效性分析

注水开发油藏,是给油藏补充把油推向生产井的能量。能否发挥这一水驱油作用,取决于油水井之间的连通情况。有两种情况可能会阻断油水井之间的连通:一是油层水敏严重,注水后水井附近地层黏土膨胀,成为非渗透地层,注水井憋压注不进,油井得不到能量补充,压力下降、产量下降;另一情况是油层为土豆状,油水井之间不连通,同样表现为水井憋压,油井降压降产。

该油藏注水中没有表现出上述特征。相反,注水一年,注入井的注入压力和注入速度都没有明显变化;压力测试表明,油井附近的油层都保持了较高的油层压力,说明油水井之间连通性是好的。之所以目前见不到注水的增产效果,是因为油井产能普遍很低造成的;只要我们能解决油井产能问题,就会见到注水效果。

产能下降快的原因分析

一般来说,油井产能低,产量下降速度会慢些,但该油藏不同,不但产能低,而且产量下降速度惊人,只几个月时间就从平均 7.8t/d 降到 1 ~ 2t/d。

油井产量下降快的原因有二:一是油层为土豆状,油井供油范围小;二是开发中油井井底附近地层遭伤害,发生堵塞(包括水敏、胶质沥青质沉淀)。

从前面的注水情况介绍我们已看出,油层连通性是好的,那么造成油井产量下降快的唯一可能原因是油井附近地层的伤害。

什么伤害造成的呢?据我们分析,不可能是水敏。油藏还处于开发初期,油井产出还都很少,尽管注水已一年,但油井还都没有见到注入水,不可能是注入水引起油井附近地层的堵塞。

排除水敏问题,那么引起产量快速下降的唯一可能原因就是油井井底附近地层中发生胶质沥青质沉淀。

原油成分分析告诉我们,该油藏原油中胶质沥青质含量达 34%,有物质基础。另外,开发中采用的是深抽工艺,流压大大低于油的饱和压力,油流到井底附近时就脱出了气体,形成了胶质沥青质发生沉淀的外部条件。所以,我们认为胶质沥青质在油井附近地层中的沉淀,堵塞油的渗流通道是造成油井产量迅速下降的根本原因。

增产措施有效性分析

为了阻止油井产量快速下降，恢复油井产能，冀东油田在短时间内对高104-5区块采取了多种增产措施。一时又看不出哪种措施有效。为了便于分析措施的有效性，我们将各种措施进行了分类整理，结果如表1所示。

表1 增产措施分类表

序号	措施	井号	措施前产量 t/d	措施后产量 t/d	有效期 d	增产油 t	备注
1	加深	106-5	2.0	2.0	0	0	
2	泵挂	105-5	2.5	2.5	0	0	
3	重射	104-5	3.0	3.0	0	0	
4		109-5	3.9	5.5	35	54	
5		105-6	1.0	1.0	0	0	扩射 3.1m
6	扩射	104-15	1.0	15.0	65	910	扩射 1.9m
7		110-7	5.0	17.0	100	1200	扩射 3.0m
8		104-7	3.0	16.0	87	1130	扩射 4.0m
9		109-6	5.5	17.1	206	2390	
10		109-7	2.4	7.0	25	115	
11	HJ-1	106-5	2.0	3.0	20	20	※1992年底仍有效
13	解堵	104-6	2.1	9.9	138	1080	
13		104-6	0.0	9.8	※	※	
14		104-5	3.0	3.0	0.0	0	

由措施分类表可看出：

（1）加深泵挂无效，在泵挂已过深的情况下，再加泵挂对增产不会有什么大的作用，措施无效是预料中的事。另外，正如前面分析，油井快速减产很可能是泵挂深度过大引起的，因此不应再采取这一措施。

（2）重射也基本无效，重射只能解决射孔不完善的问题，而不可能解决产量下降的问题。重射措施无效说明原射孔是完善的。在原射孔完善的情况下，重射无效是必然的结果。

（3）扩射取得了较好的效果。对层状油层来说，扩射相当于投入新的生产层段。但从具体井来看，投产初期产能比较高的井（104-15井，射开3.5m，产量8.1t.d；110-7井射开2m，产量12.6t/d；104-7井射开3m，产量3.7t/d），扩射能增产，而原本产能就很低的井（105-6，初期产量只有1.1t/d），扩射也无效。

另外，扩射的有效期也都很短，与初期投产的层段一样，新投产的层段2～

3 个月同样被堵塞。

（4）HJ-1 解堵取得了好的结果。HJ-1 解堵剂是专为解除胶质沥青质沉淀堵塞而设计的，它的有效性再一次证明了产量快速下降的根本原因是胶质沥青质沉淀造成的。

同样，HJ-1 解堵效果好的井也是投产初期产能较高的井（如 109-6 井，射开 4m，产量 7.1t/d；104-6 井射开 8.6m，产量 13.4t/d）。

这些井本来具有相对较高的产能，产量下降是由于胶质沥青质沉淀造成的。所以用 HJ-1 解堵能取得好效果，而投产初期产能就很低的井（如 109-7 井射开 6m、产量只有 2.9t/d；106-5 井射开 3.8m，产量 3.8t/d），这些井产能低是钻井液对地层的伤害造成的，用 HJ-1 解决不了它们的问题，所以用 HJ-1 对就这些井不会取得好效果。

另外，104-6 井进行了两次 HJ-1 解堵，都取得了好效果，再次说明胶质沥青质沉淀还在发生。如果不解决胶质沥青质沉淀问题，油井不可能正常生产。

从 104-5 井的情况看，该井用 HJ-1 解堵应能取得好效果，但没有。从现有资料还无法分析其原因，有可能是工艺措施还不到位，希望油田同志进一步分析。

结　　论

（1）要想开发好高 104-5 区块，首要的任务是解除钻井液对地层的伤害，还油藏固有的产能，否则任何开发方式都不会取得应有的开发效果。

（2）其次要解决胶质沥青在油层中的沉淀问题。这一问题的解决办法是在开发中要保持油井流压高于或等于饱和压力。

（3）高 104-5 区块地层油黏度较大，油水黏度比在 150 左右，这样的油藏水驱采收率只有 20% 左右；聚合物驱能提高到 30% 左右，但仍有 70% 左右的油留在地下。能高效开发该油藏的办法可能只有火驱，能把采收率提高到 60% 左右。

油水相对渗透率试验中的异常现象及其原因

（1994 年 2 月）

在非稳态油—水相对渗透率试验中，常出现一些异常形态的曲线。试验人员面对这些异常现象因一时找不到原因而不知所措。本文总结了试验中常遇到的异常曲线及产生原因，为解决试验中出现的问题，提供参考。

所谓"异常"，是指油—水相对渗透率曲线的形态，偏离了正常曲线特征。为了与异常曲线比较，这里给出一个中等渗透率、中性润湿砂岩岩心的正常油—水相对渗透率曲线（图1）。

引起油—水相对渗透率曲线异常的原因有3种：一是岩心受到污染；二是岩心岩性方面的问题；三是试验操作条件不当。

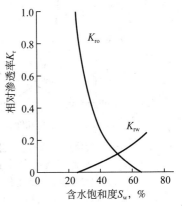

图 1　中等渗透、中性润湿砂岩岩心的正常油水相对渗透率曲线
（引自［美］岩心公司《专项岩心分析》资料，1982 年）

岩心污染引起的异常

许多钻井液和取心液都含有某些表面活性剂或聚合物。钻井取心时岩心受到取心液的冲刷而被污染。在实验室，通常的岩心清洗方法既不能除去这些污染物，也不能使其失去活性。用这种被污染的岩心做油—水相对渗透率试验时，将会出现一些异常现象。因此，在做试验前，应确定岩心是否被污染。

确定岩心是否受到污染的办法是：首先向送样单位索取有关取心液的配制资料，以了解岩心是否有污染的可能性，同时在试验过程中观察油—水界面张力的变化情况。

在非稳态油—水相对渗透率试验中，所用流体一般是经脱附处理的精制油和清洁的盐水，它们之间具有较大的界面张力。当岩心没有受到污染时，从岩心产出的油、水一般都具有清晰的界面。当岩心中有活性剂或聚合物污染物存在时，驱替过程中会出现下列现象：

（1）油、水滴发生变形，不是以球状下滴，而是被拉成长形的滴；

（2）产出的油水发生浑浊；

（3）收集管中的油—水界面不清，有时甚至发生轻微乳化；

（4）产出一些悬浮于油—水界面附近的絮状沉淀物。

如果试验中出现上述现象的一种或多种，并且相渗透率曲线具有如图 2 或图 3 所示的形态，则基本可以断定这是岩心被污染所引起的异常。

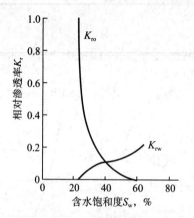 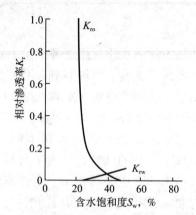

图 2　表面活性物污染岩心的油水　　　图 3　絮状沉淀物污染岩心的油水
　　　相对渗透率曲线　　　　　　　　　　相对渗透率曲线

（引自〔美〕岩心公司《专项岩心分析》　　（引自〔美〕岩心公司《专项岩心分析》
资料，1982 年）　　　　　　　　　　资料，1982 年）

受污染岩心的油—水相对渗透率曲线形态与正常曲线相比，其特点是：曲线的交点向左移，岩心的亲油性增强；但从水相渗透率的端点值看，岩心似乎又具亲水性。

多次抽提冲洗可降低岩心的污染程度，但不能彻底清除。用氯仿—甲醇抽提液可清除石油磺酸盐之类的污染物，用次氯酸钠清洗液可清除聚合物污染物。有时也可考虑用煅烧方法清除胶结岩心的污染物，但这种方法会引起某些岩心孔隙结构改变，增强亲水性，使岩心失去代表性，因此，极少采用此种清洗方法。

岩性所引起的异常

岩心的颗粒成分及所含黏土矿物类型，都会对油—水相对渗透率曲线形状有一定影响。岩心物性的均质性也会对曲线形状产生一定影响 [1]。

如果岩心横断面有明显的高低渗透层，用这种岩心所测的油—水相对渗透率曲线会出现如图 4 所示的、非光滑曲线的异常现象。

为避免这种情况的发生，在选取油—水相对渗透率岩样时要特别仔细地观察岩心断面是否均质，选取那些均质性较好的岩心。

如果岩心中含有大量膨胀性黏土（如蒙皂石）或可移动黏土微粒（如高岭土）时，用这种岩心所做的油—水相对渗透率曲线可能会出现如图5所示的异常形态。

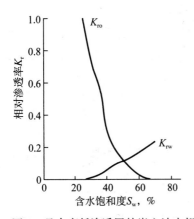

图4　具有高低渗透层的岩心油水相
对渗透率曲线

（引自［美］岩心公司《专项岩心分析》
资料，1982年）

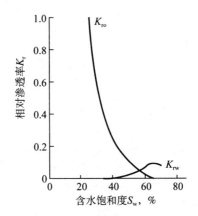

图5　具有膨胀黏土或移动微粒的
油水相对渗透率曲线

（引自［美］岩心公司《专项岩心分析》
资料，1982年）

为说明是否有黏土矿物的影响，在接收相渗透率试验样品时，一定要求送样单位给出黏土矿物分析资料或同时做黏土矿物分析。在做试验时，一定要在水驱结束后测定"倒置"岩心的水相渗透率，以便与水驱结束时的水相渗透率比较，说明岩心中是否有可移动微粒。如果"倒测"结果和矿物分析结果都表明没有可移动微粒，那就要考虑黏土膨胀的可能性。用加 KCl 的盐水做 1 ~ 2 只新样品的相对渗透率试验即可证实是否为膨胀黏土的问题。

试验操作条件不当引起的异常

经检查，如果证实油—水相对渗透率曲线的异常不是岩心污染和岩性非均质的问题，那就要集中精力检查试验条件。试验条件不当常常造成以下几种异常：

（1）油的饱和度偏低，岩心中仍有可流动水。这种情况的油—水相对渗透率曲线如图6所示。它的特点是束缚水饱和度偏高而残余油饱和度偏低，因而驱替效率偏高。在这种情况下，驱替初期，油的相对渗透率曲线下降快，水的相对渗透率曲线向上凸；驱替后期变为正常曲线。如果出现这一情况，就要改变饱和条件，提高含油饱和度。

（2）驱替速度过低会出现如图 7 所示的异常相对渗透率曲线。这种曲线的特

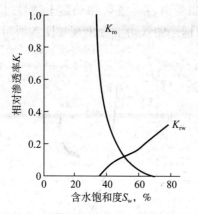

图 6 驱替开始时岩心中含有可动水
的油水相对渗透率曲线
（冀东某油藏的试验资料）

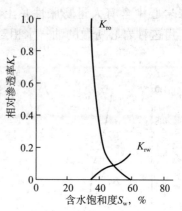

图 7 驱替速度过低时的油水相对
渗透率曲线
（冀东某油藏的试验资料）

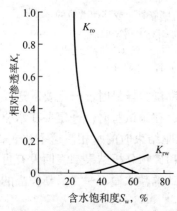

图 8 驱替围压过大时的油水相对
渗透率曲线
（冀东某油藏的试验资料）

点是：因驱替速度过低，克服不了末端效应，使束缚水饱和度和残余油饱和度都偏高，油—水相对渗透率曲线的两相流动区跨度非常小。解决这一问题的办法是适当提高驱替速度。

（3）如果驱替时的围压高于测油相渗透率（束缚水时的）时所用的围压，可能会出现如图 8 所示的异常曲线。这种曲线的特点是：油、水相对渗透率都偏低，但其特征与正常曲线并无多大差别，因此这种异常难以判断。但这种情况是否存在，从试验过程的围压记录很容易发现。为了避免这一情况的发生，驱替过程中所用的围压，一定要保持在束缚水条件下测油相渗透率时所用的围压附近。

结　束　语

砂岩岩心的油—水相对渗透率曲线形态，受多种因素影响，即使岩性非常接近的岩心，其相对渗透率曲线也不尽相同。所谓正常和异常相对渗透率曲线，只是针对一些基本特征相对而言的；另外，引起异常的因素是多方面的，有时是几

种因素同时存在，这就更难判断其确切原因。这里所提出的异常曲线及其原因只是常见的而又相对简单的情况，试验者可利用本文提供的线索，多方考查，解决实际中所遇到的问题。

参 考 文 献

[1] M 霍纳波，等．油藏相对渗透率 [M]．马志远，等译．北京：石油工业出版社，1989.

双河油田北块Ⅱ$_5$层聚合物驱试验

(1989—1997 年)

1988 年在华北油田召开的第一次全国油田提高采收率潜力评估会上，双河油田北块Ⅱ$_5$层因聚合物驱评估提高采收率太低（比水驱只提高 1 ～ 2 个百分点），加之该油藏温度较高（72℃），被列入聚合物驱三类油藏。这就是说，该油藏的聚合物驱暂不考虑。但是经了解油藏的基本条件，我们认为该油藏是适合聚合物驱的。评估结果所以提高采收率很低，是模型中输入参数的不当造成的。因此向有关领导建议应开展该油藏的聚合物驱试验。不久得到了批准，并决定先开展聚合物驱可行性研究。在可行性研究可行的基础上，1993 年进行了方案设计，并于 1994 年初开始试验跟踪调整工作，使试验取得了预想的效果，以下分别介绍这些研究内容。

双河油田北块Ⅱ$_5$层聚合物驱可行性研究

在可行性研究中，进行了油藏地质和油藏工程研究、室内试验研究、历史拟合以及数值模拟预测等专题，下面将各专题的研究成果进行概述。

1. 油藏地质和油藏工程研究

1）地理位置和构造位置

双河油田位于河南省桐柏县和唐河县境内，处于泌阳凹陷西南部的双河镇鼻状构造上。油田分两部分，南部称双河地区，北部称江河地区。

2）构造形态

双河油田位于双河镇鼻状构造的主体部位上，构造轴向大约为 SE125°，顶部较宽，两翼不对称，东北翼较缓（倾角在 3°～5°），西南翼较陡（倾角在 9°～13°），构造两端高低差较大，油田范围内约为 450m。油田南部有一组以北东向为主的正断层，把双河油田南部的双河地区切割成了 4 个断块，如图 1 所示。

3）沉积环境

根据细分沉积相研究结果，双河油田双河地区主要含油层系核三段沉积前的古构造及古地理环境，为扇三角洲的发育提供了良好的背景条件。在整个核三段沉积时期发育了以垂向加积、平面进积为主的典型的建设型扇三角洲沉积体系。由南向北细分为水下分流河道亚相、前缘砂亚相和边缘席状砂亚相。

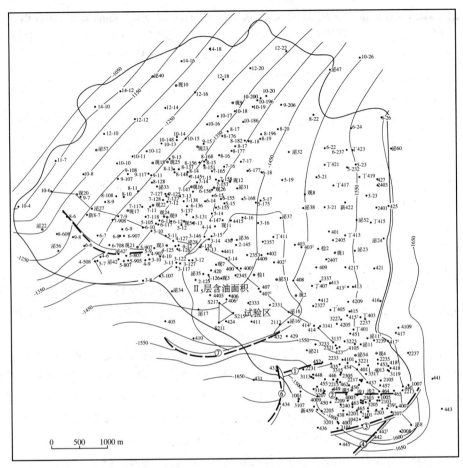

图 1 双河油田核三段Ⅳ油组顶部构造图

4）储层特征

双河地区分布有核三段的Ⅰ—Ⅳ油组。由于泌阳凹陷是个小凹陷，物源近，坡度陡，因而形成了厚度大，变化大，岩性粗杂的油层。

据统计，单层厚度大于6m的占油层总厚度的40%，单层厚度大于4m的占总油层厚度的56%。

储层由一套分选很差的砾状砂岩，含砾砂岩和中粗粒砂岩组成。据统计，砂砾岩占70%，粒度中值平均为0.24mm。

从薄片资料看，岩性以长石砂岩和岩屑质长石砂岩为主，石英砂岩次之，胶结物以泥质为主，含量约10%，灰质次之，约5%。胶结类型以孔隙式为主，孔隙—接触式次之。

Ⅱ$_5$层是双河地区的主力油层，也是这次研究的目的层，其物性中等。储层

61

平均孔隙度 21.6%，平均渗透率 823mD，平均厚度 11.5m，含油面积 3.01km²。

根据电测解释计算的双河地区 II$_5$ 油层组的渗透率变异系数为 0.74，根据 407 井和检 1 井岩心分析数据计算为 0.78。说明储层非均质性比较严重。

据润湿性分析，双河地区的油层属弱亲水性。

5）流体性质

双河地区的原油具有高含蜡、高凝固点、低含硫的特点。平均含蜡量为 32.8%，平均凝固点 37℃。

双河地区 II$_5$ 层的地层油具有低黏度、低饱和压力的特点。地层油黏度 7.8mPa·s，饱和压力 1.3MPa，气油比 7.1m³/m³，地层油体积系数 1.07，油罐油相对密度 0.8702。

地层水总矿化度 3800mg/L，Ca^{2+}、Mg^{2+} 离子含量 15mg/L，pH 值 8.3，水型为 NaHCO$_3$，黏度 0.43mPa·s。

6）原始含油饱和度

储量计算中给的原始含油饱和度为 65%，按该油藏的特征看，可能偏低，根据毛管压力曲线、经验关系式及类比法估计，II$_5$ 层原始含油饱和度至少为 75%。

7）渗流特征——油水相对渗透率曲线

室内试验给的油水相对渗透率曲线，平均原始含油饱和度 65%，水驱残余油 30%，驱油效率为 54%。我们认为这一驱油效率偏低，其原因是：按 65% 含油饱和度计算的储量，预测水驱采收率 48%，那么波及体积达到 90%。对油水黏度比 18，渗透率变异系数 0.75 左右的油藏来说，其水驱采收率和波及效率不可能如此高。这也正是聚合物驱替潜力评估很小的根本原因。

带着这些问题，我们了解了相渗试验情况：他们饱和油过程没有饱和到束缚水状态，而是按给定的 65% 饱和度饱和的。另外，驱替也不彻底，没有驱到真正的残余油状态，只是驱替十到几十倍孔隙体积的水就结束了。经验告诉我们，对于油水黏度比 18 的水驱油来说，要驱到残余油至少要驱上千倍孔隙体积的水。保守的估计残余油要在 25% 以下。

如果饱和油饱和到饱和度 75%，再驱到残余油饱和度 25%，那么其驱油效率就不是 54%，而是 67% 了，采收率也不是 48%，而是 39% 了。这样，其水驱特征就与油藏基本特征（油水黏度比 18，渗透率变异系数 0.75 左右）相一致了。考虑到试验相渗的基本形状，并经原始含油饱和度和残余油饱和度的修正，得如图 2 所示的油水相对渗透率曲线。

8）根据检 1 井的岩心分析数据统计，得到 II$_5$ 层的孔隙度—渗透率关系为：

$$\lg K = 0.256\phi - 2.974$$

式中　K——空气渗透率，mD；

62

ϕ——孔隙度，%。

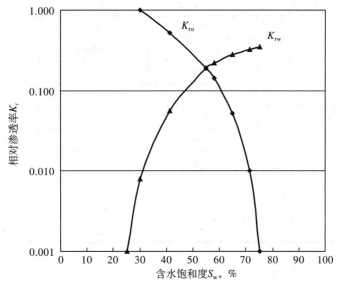

图2　修正的油水相对渗透率曲线

9）油藏压力和温度

在地质研究中根据测压资料统计给出的双河地区的油藏压力式为：

$$p_o=13.513+0.010031H$$

式中　p_o——油藏压力，MPa；

　　　H——油层中部深度，m。

同样，用测温资料给出了双河地区油藏温度式为：

$$T=5.4714+0.0439H$$

式中　T——油藏温度，℃；

　　　H——油层中部深度，m。

10）建立油藏剖面模型

根据检1井的岩心分析数据，简化出一个8层的地质剖面模型，然后按同一比例，将其缩为总厚度等于Ⅱ$_5$层平均厚度的油藏剖面模型（表1），以供可行性研究中的数值模拟应用。

表1　Ⅱ$_5$油藏的地质模型

层号	厚度，m	渗透率，mD	孔隙度，%	束缚水饱和度，%
1	1.85	145	19.4	25

层号	厚度，m	渗透率，mD	孔隙度，%	束缚水饱和度，%
2	1.30	1190	22.8	25
夹层	0.50	< 20	< 10.0	60
3	2.98	1310	23.0	25
夹层	0.40	< 10	< 10.0	60
4	1.34	238	20.1	25
5	1.34	1190	22.8	25
6	1.08	209	20.9	25
7	0.78	1830	23.4	25
夹层	0.5	< 2	< 10.0	60
8	0.82	213	20.0	25

11）北块 II_5 层的储量

在本次研究中，由于对计算储量的参数有较大的变动，故需要对其重新进行计算。计算方法仍用容积法：

$$N = 100A \cdot H_o \cdot \phi \cdot S_{oi} \cdot \gamma_o / B_{oi}$$
$$= 100 \times 3.01 \times 11.5 \times 0.216 \times 0.75 \times 0.8702/1.07$$
$$= 456 \times 10^4 \text{ t}$$

式中　　N——油藏储量，10^4t；

　　　　A——含油面积，km^2；

　　　　H_o——储层平均厚度，m；

　　　　S_{oi}——原始含油饱和度；

　　　　γ_o——原油相对密度；

　　　　B_{oi}——原始地层油体积系数；

　　　　ϕ——油层孔隙度。

12）北块 II_5 层的开发历程及现状

北块 II_5 层从 1977 年 7 月投产，到 1988 年底大致经历了以下 3 个开发阶段：

（1）衰竭式开采阶段（1977 年 7 月至 1978 年 6 月）。

在该阶段油藏刚投入开发，陆续投入了 10 口生产井（B17、400^2、402^2、406、B51、411、410、403、430、424），还没注水，靠油藏天然能量，主要为弹性能量生产。该阶段的特点是：油藏压力下降快（大约下降了 2MPa），油井产量下降快，采油速度低，一年采出 0.9%OOIP。

（2）试注水开发阶段（1978 年 7 月至 1983 年 12 月）。

为了缓解油藏压力下降，保持油井产能，于 1978 年 7 月，将三口油井（407、420 和 430）转为注水井。

在该阶段早期，油藏还处于开发早期，油井生产基本不含水；虽然注水速度低（年注水 1.2%PV），但产液速度也低（年采液速度 1.8%PV）；加上边水开始内侵，所以油藏压力基本得到稳定。尽管总体注水速度低，但由于注水井点少，单井注水速度大，所以到该阶段末，距注水井点近的油井开始出现瀑淹，含水迅速上升（年上升 15 个百分点）。至该阶段末，采出程度只有 12.2%OOIP 的情况下，生产含水达 28%。当时的采收率预测，在这种开发条件下，水驱最终采收率只有 30%OOIP。

该阶段的开发特点是：油藏压力、油井产能基本保持了稳定，但由于少井点高速度的注水使含水上升过快。

（3）基础井网全面点状注水阶段（1984 年 1 月至 1987 年 12 月）。

前段的开发动态表明，由于只有 3 口注水井，导致含水过快上升。为了抑制含水过快上升势头，在本阶段初对井网进行了较大调整。新钻了 5 口生产井（2331 井、2333 井、2345 井、2353 井和 2357 井），转注了两口井 410 和 411 井。经这一调整使总井数增至 17 口，其中油井 12 口，水井 5 口。基本形成了全面点状注水开发格局。随后又采取了放大生产压差的增产措施。

这些措施取得了一定效果，提高了开发速度，缓解了含水上升速度。到本阶段末，采出程度 23%，含水 65%。

据预测，在这一条件下开发下去，其最终采收率为 37.5%OOIP。该阶段的开发特点是基本形成点状注水的基础井网；虽增加了注水井点，但仍为点状注水，仍有一些死油区；由于放大生产压差，注采失衡，油藏压力又有较大下降。

1987 年，全油藏有 12 口生产井，5 口注水井，年产油 $10.9 \times 10^4 t$，年产水 $18.1 \times 10^4 t$，年注水 $29.5 \times 10^4 t$，采出程度 23%，生产含水 65%。

2. 双河北块 II_5 层水驱采收率预测

这一工作的目的一是为聚合物驱提高采收率提供参照值，二是对前面油藏地质和油藏工程研究中所确定的油藏特征参数的可靠性加以检验。

1）经验公式法

（1）美国经验公式 1：

$$E_R = 0.2719 \lg \overline{K} + 0.25569 S_w - 0.1355 \lg \mu_o - 1.5380 \phi - 0.00114 h_o + 0.11403 = 0.44$$

（2）美国经验公式 2：

$$E_{\mathrm{R}} = 0.3225 \left[\frac{\phi(1-S_{\mathrm{w}})}{B_{\mathrm{oi}}} \right]^{0.0422} \left(\frac{K\mu_{\mathrm{w}}}{\mu_{\mathrm{o}}} \right)^{0.0770} S_{\mathrm{w}}^{-0.1913} \left(\frac{p_{\mathrm{i}}}{p_{\mathrm{a}}} \right)^{-0.2159}$$

$$=0.41p_{\mathrm{a}}$$

式中，p_{a} 为废弃压力，设 5MPa。

（3）杨通佑公式法：

$$E_{\mathrm{R}}=0.41715-0.00219\mu_{\mathrm{o}}=0.40$$

（4）陈元千公式法：

$$E_{\mathrm{R}}=0.214289\,(K/\mu_{\mathrm{o}})^{0.1316}=0.40$$

2）水驱特征曲线法

表达式为：

$$\lg W_{\mathrm{p}}=a+bN_{\mathrm{p}}$$

利用生产数据，在半对数坐标纸上划出 $\lg W_{\mathrm{p}}-N_{\mathrm{p}}$ 曲线（图3）。由曲线查得：

$$a=-0.194,\ b=0.0185$$

将 a 和 b 值代入累计产量与含水关系式，求得含水 98% 时的水驱最终采油量：

$$N_{\mathrm{p}}=175.9 \times 10^4\ \mathrm{t}$$

故

$$E_{\mathrm{R}} = \frac{N_{\mathrm{p}}}{N} = \frac{175.9}{456} = 0.39$$

3）数值模拟法

用 EORPM 数值模型，油藏地质研究中所建的油藏模型及油水相对渗透率曲线，在生产井组面积 8ha 的五点井组上，求得含水 98% 时的最终采收率 $E_{\mathrm{R}}=0.41$。

4）预测结果分析

这里预测方法采用了建立在不同基础上的几种预测方法，经验公式法是建立在大量水驱油藏统计基础上，水驱特征法是建立在本油藏生产动态基础上，而数值模拟法是建立在本油藏模型和油水渗流特性基础上。尽管如此，预测结果非常一致（39%～41%），这说明我们在油藏地质和油藏工程研究中所确定的油藏特征参数、油藏模型，以及油水相对渗透率曲线都是合理的，能代表 II_5 层实际情况。

此外，水驱特征曲线法的预测结果与目前生产井网的完善程度有关。II_5 油藏井网还不够完善，故预测值会偏低（39%），数值模拟法是 8ha/ 井理想井网下的预测结果，可能偏好（41%）。所以，如果 II_5 层就在目前井网开发下去，水驱最终采收率可能为39%，如果今后还要进一步完善井网，其水驱最终采收率可能达到41%。

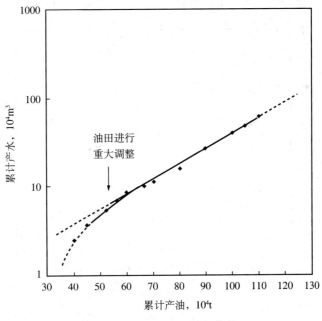

图3　Ⅱ₅层的水驱特征曲线

3. 聚合物驱室内试验

为了给Ⅱ₅层聚合物驱提供合适的聚合物品种和为聚合物驱数值模拟提供必要的参数，进行了一些室内试验，其内容如下：

（1）聚合物品种的选择。

通过对国内外几种聚合物溶液的增黏性、盐敏性、温敏性、抗剪切能力、阻力系数和残余阻力系数，以及在孔隙介质中的滞流损失等指标的比较试验，从中选出 AC–530、Pusher–700 和 05 三种聚合物作为Ⅱ₅层的中选聚合物。

（2）模型驱替试验。

在用石英砂加磷酸铝压制的非均质（4 层的渗透率分别为 0.2D、2.1D、4.5D、0.95D）人造模型上，先注 2PV 水，然后再注 2PV、600mg/L 浓度的 AC–530 溶液，约比水驱提高采收率 10 个百分点。

（3）为数值模拟提供参数的测试。

试验测定了 AC–530 的吸附量、阻力系数和残余阻力系数，以及溶液黏度与温度和剪切速率的关系。结果是：

Ⅱ₅层的吸附量为 25mg/g 砂；

不同浓度 AC−530 溶液的黏度与温度关系如图 4 所示；
不同浓度 AC−530 溶液的黏度与剪切速率关系如图 5 所示；
不同浓度 AC−530 溶液的阻力系数，残余阻力系数如图 6 所示。

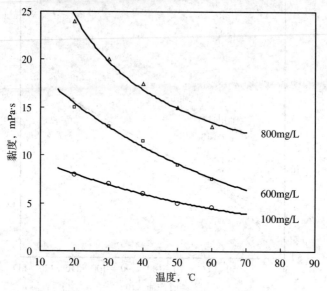

图 4　聚合物溶液黏度与温度的关系

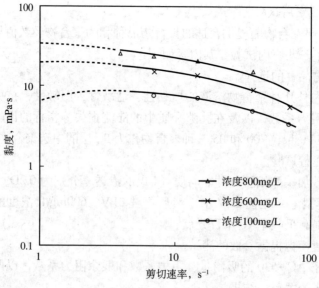

图 5　黏度与剪切速率的关系

4. 生产史的拟合

生产史的拟合，目的之一是为了更全面考查在油藏地质研究中所确定的油藏特征参数的可靠性，以便必要时做进一步补充和修正，以给出更具代表 II_5 层油水运动规律的油藏模型和油水相对渗透率曲线。另一目的是通过生产史的历史拟合，给出聚合物驱的油藏初始条件。

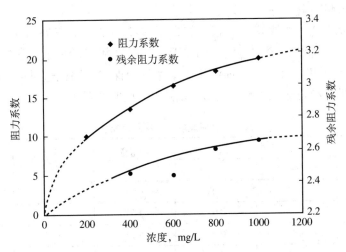

图 6　阻力系数、残余阻力系数与 AC–530 溶液浓度的关系

1）数学模型和油藏模型的选取

在 II_5 层水驱采收率预测中用的是 EORPM 数学模型，并且得到了较好的结果，但这个模型是一个二维流管模型，考虑的因素较少，有些油藏参数还有一定的不确定性。因此在这次历史拟合中最好用一个考虑因素更多的数学模型，以便更广泛地考查所给油藏参数的可靠性，另一方面也考查一下 EORPM 模型预测的精度。因此，这次历史拟合决定选用 VIP 全隐式黑油数学模型。

作为可行性研究，没有必要做全油藏的生产史拟合，但选用具体井组也不可取，因为各井组有各井组的特定生产条件，并不一定能代表油藏的生产特征。另一方面，井组的产量也很难划分准确。因此，我们认为最好还是用地质研究中所给出的油藏剖面模型，设定一个与油藏实际井网密度大致相同的，面积 8ha 的一个五点井组为代表更为恰当。只要这一井组的生产特征能与油藏总的生产特征相一致（即相拟合），这一油藏模型即可代表实际油藏用于聚合物驱预测了。

2）生产数据收集与处理

为了进行生产史的拟合，首先应对油藏生产数据根据拟合输入格式进行梳理统计。但有些问题在梳理前需进行事先处理：

由于所进行的 II_5 层的生产史拟合，是纯油藏中一个井组的拟合，那么油水过渡带上的油井（B17 井、402 井）的生产特征就不符合这一要求。因此，需要把它们排除在外；另外，合采井（400 井，2357 井）的产量也不是全部产自 II_5 层，需按产油剖面进行劈分。

II_5 层有内部注水井和外部注水井，外部注水井注入的水有多少进入油藏很难估算，因此在考虑注水量时只统计内部注水井的注水量，对外部注水井的注入水，并入边水侵入量一起考虑。

对外部水侵入量的考虑，在投产初期（1977 年 7 月至 1978 年 6 月），采油量少，油藏压力下降快，因此这段时间主要是靠弹性能量供采出，外侵很少，可以不考虑水侵；在注水开始后，油藏压力基本得到保持，因此这时可以根据物质平衡求得水侵量。经过这些处理后的 II_5 层的生产数据见表 2。

表2 双河北块 II_5 层生产数据

时间	产量，10^4t		注水量 10^4t	采出程度 %	生产含水 %
	油	水			
1978.1—6	3.77	0.04	0.00	0.74	1.2
1978.7—12	5.32	0.08	4.64	1.90	1.4
1979.1—6	6.62	0.09	5.35	3.35	1.4
1979.7—12	7.04	0.10	5.37	4.92	3.6
1980.1—6	6.24	0.36	5.18	6.28	7.60
1980.7—12	5.99	0.62	5.69	7.59	12.6
1981.1—6	5.56	1.04	6.02	8.82	17.4
1981.7—12	5.33	1.26	6.32	9.98	20.0
1982.1—6	5.70	1.31	5.38	11.24	22.2
1982.7—12	4.77	1.62	1.29	12.22	27.4
1983.1—6	3.81	1.56	1.05	13.10	28.6
1983.7—12	4.54	1.77	4.16	14.00	29.4
1984.1—6	4.94	2.20	3.85	15.19	33.0
1984.7—12	5.08	2.75	4.21	16.33	36.4
1985.1—6	5.46	3.30	5.70	17.49	41.7
1985.7—12	4.53	3.81	6.33	18.48	50.1
1986.1—6	4.69	5.61	8.67	10.51	56.7
1986.7—12	4.98	7.13	10.00	20.61	60.0
1987.1—6	5.21	8.13	12.80	21.75	62.8
1987.7—12	5.66	10.30	16.70	23.0	65.0

然后把每个生产期的生产数据，如产油、产液、注水量（包括注入水和外侵水），按模拟井组面积占油藏总面积的比例，分配为模拟井组的生产数据。

　　3）生产史的拟合及结果

　　前面的油藏地质研究以及本节生产数据的处理，已为生产史的拟合作好了数据准备，到此即可进行生产史的历史拟合了。但拟合前还要做一些说明。

　　生产数据的拟合参数，一般分"强制拟合参数"和"目标拟合参数"。所谓强制拟合参数就是直接输入数学模型的生产参数，它们就是实际生产数据，不需要拟合，而其他生产数据即目标拟合参数，是模型计算的，如果与实际生产不符，需调整油藏特征参数，使其与生产数据一致。在做历史拟合中，哪些生产参数作为强制拟合参数，哪些作为目标拟合参数，由拟合者根据工作方便自行选择。本次拟合中把产液量、注入量作为强制拟合参数，把产油量、含水、油藏压力作为目标拟合参数。

　　此外，在拟合中，如果模型计算的某一（某些）目标拟合参数与实际值有偏差，在进行修改油藏参数使其一致时，一定要借助油藏工程知识，慎重判断引起偏差的原因，确定正确的修改方向，从而选取那些真正引起偏差的参数进行修改。例如：计算的含水上升规律与实际基本一致，但绝对值有偏差，这可能是数模中的相对渗透率曲线有问题，对其需做适当调整；反之，可能是油藏模型中的非均质性描述有问题；如果计算的油藏压力与实际有较大偏差，可能是数模中的压缩系数值有问题。另外，在修改油藏参数时，一定要注意参数的合理范围，不可超出合理范围作硬性拟合。

　　拟合结果非常满意：

　　(1) 拟合过程中只对相对渗透率水相的端点值做了微调，从 0.26 调到 0.24 就做到了很好的拟合。

　　(2) 基本拟合了油藏整个开发过程中生产含水上升规律和油藏压力变化（图7）。

　　(3) 见水时间、1987年底采出程度和含水等特征点，基本完全拟合。油藏实际见水时间为 1980年6月，拟合时间为 1980年9月。1987年底实际采出程度为23%，含水 67%，拟合值分别为 22.9% 和 70.3%。

　　(4) 拟合结果表明，本研究中为聚合物驱预测准备的油藏特征参数都是符合油藏实际的。在我们确定的油藏条件下进行聚合物驱预测其结果应是可靠的。

　　(5) 为了给聚合物准备油藏初始条件，又将水驱计算到 1990年初预计聚合物驱开始时的水驱结果：采出程度 26%，生产含水 79.6%。

　　5. II₅ 层聚合物驱数值模拟预测

　　为了读者全面了解预测过程，这里不但要给出计算结果，还要对所用的数学模型及输入参数给予说明。

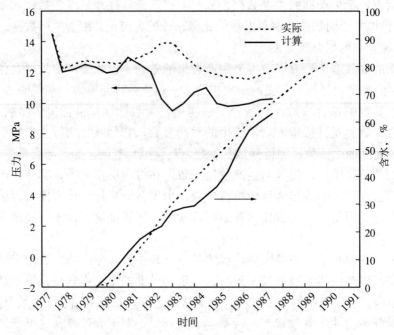

图 7　生产含水和油藏压力随时间的变化

1）数学模型简介

研究中所用聚合物驱模型是一个二维（剖面或平面）二相（水和油）多组分（至少五组分：水、油、聚合物、C⁺、C⁺⁺）数学模型。它考虑了聚合物驱过程中的一些主要物化现象（黏度、阻力系数、残余阻力系数、吸附量、不可及孔隙体积等），可用于水驱和聚合物驱的评估计算中。

研究中所用的经济模型是一个参考美国科学软件公司的经济模型原理研制的经济预测模型，它给出贴现现金流、返本期、利润花费比、利润投资比及内部贴现率 5 项主要经济指标。可用于各种油藏开发项目的经济评价中。

2）聚合物驱预测中所用参数

聚合物驱预测中除经济参数外，其他都在前面几项专题研究中确定了，为了便于了解，在此随经济参数也一起列出。

（1）油藏特征参数：

含油面积，km²	3.01
石油储量，10⁴t	456
油层温度，℃	72
油层中部深度，m	1480
原始油藏压力，MPa	14.8

油层平均厚度，m	11.5
平均渗透率，mD	823
平均孔隙度，%	21.6
原始含油饱和度，%	75
渗透率变异系数	0.73
岩石润湿性	弱亲水
黏土含量，%	7

（2）原油物性参数：

原始饱和压力，MPa	1.31
原始气油比，m^3/t	7.1
体积系数，m^3/m^3	1.07
地层油黏度，$mPa \cdot s$	7.8
地面油相对密度	0.8702

（3）地层水分析数据：

地层水黏度，$mPa \cdot s$	0.43
总矿化度，mg/L	3833
Ca^{2+}、Mg^{2+}含量，mg/L	15
pH 值	8.3
水型	$NaHCO_3$

（4）油藏模型（表 3）：

表 3　油藏地质剖面

层序号	厚度，m	渗透率，mD	孔隙度，%	水饱和度，%
1	1.85	145	19.4	25
2	1.30	1190	22.8	25
3	2.98	1310	23.0	25
4	1.34	238	20.1	25
5	1.34	1190	22.8	25
6	1.08	209	20.0	25
7	0.78	1830	23.4	25
8	0.82	213	20.0	25

井网：面积为 8ha 的五点井组，聚合物驱的初始条件，采出程度 26%，生产含水 69.6%。

（5）油水相对渗透率曲线：

束缚水饱和度 25%；

残余油饱和度 25%；

束缚水条件下的油相渗透率为 1，曲线指数 2.7；

残余油条件下的水相渗透率为 0.24，曲线指数 1.6。

（6）聚合物性能参数：

室内试验中选出的是 AC-530，但考虑到注入能力和渗透率与聚合物分子量的匹配关系，我们以 AC-430 为例进行聚合物预测，AC-430 的测试性能为：

在 Ⅱ₅ 层地层中的吸附量为 25μg/g（砂）。

不同浓度下的各项性能：

聚合物浓度，mg/L	200	400	600	800	1000	1200
聚合物溶液黏度，mPa·s（75℃）	> 1.1	2.1	3.4	5.0	7.0	9.5
阻力系数	4.4	8.2	13.6	20	28	28

（7）经济参数（1990 年以后）：

油价：按国际油价 420 元/t；

钻井投资：75 万元/井（包括地面建设）；

注水厂扩建投资估算：

$$P_i = P_{oi} \left(\frac{\text{单井日注量} \times \text{新增注水井数}}{Q_{oi}} \right)^{0.6}$$

式中，P_{oi} 和 Q_{oi} 分别为标准注水厂的设备投资和处理量。

混配装置投资估算：

$$P_m = P_{om} \left(\frac{\text{单井日注量} \times \text{注入井数}}{Q_{om}} \right)^{0.6}$$

式中，P_{om} 和 Q_{om} 分别为标准混配设备投资和处理量。

操作费：

固定操作费	15.6 万元/（井·a）
可变操作费：水驱	8.53 元/t（油）
聚合物驱	9.38 元/t（油）
井下作业费	2.81 万元/（井·a）
聚合物花费	1.6 万元/t
综合税率	以 20% 计算
贴现率	10%

74

油价上涨率　　　　　5%

3）聚合物驱的优化

（1）聚合物用量的优化。

在 900mg/L 浓度下，计算了不同聚合物用量的开发效果和经济效果（图8），由图看出，随着聚合物用量的增加，采收率增加，但增幅越来越小，现金流和利润投资比，最初随聚合物用量的增加而迅速增加，但达到一定用量后再增加用量两值都在下降。综合考虑开发指标和经济指标。我们认为最优用量在 300mg/L·PV 左右。

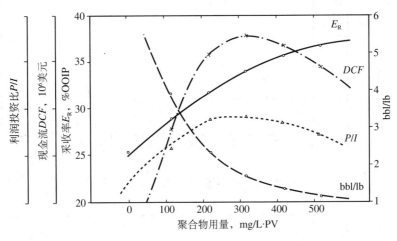

图 8　聚合物用量与各项开发指标的关系

（2）注入浓度的优化。

在 300mg/L·PV 的用量下，计算了不同浓度注入时的开发效果和经济效果，结果如图 9 所示。由图看出，随着注入浓度的增加，采收率只略有增加，但随浓度的增加，现金流和利润投资比迅速增加，直到 1000mg/L 的浓度后增幅才有所变缓。这是因为在一定用量下，增加注入浓度，聚合物注入时间变短，操作费减少，另一方面注入浓度越大，增油越早越集中，因而经济效果越好。因此，应尽量采用大浓度小段塞的注入工艺。但考虑到本油藏条件及聚合物驱经验，建议采用 900mg/L 的浓度。

（3）注入速度的优化。

我们计算了 50m³/d、100m³/d、150m³/d、200m³/d 四种聚合物注入速度，结果如图 10 所示。

由图 10 可看出，随着注入速度的增加、采收率、现金流和利润投资比都在增加，但当注入速度大于 120m³/（d·井）后，现金流和利润投资比增速变缓。再考

75

虑到油藏的实际注入能力以及聚合物剪切降解等因素，我们认为聚合物注入速度在 $100 \sim 120m^3/$（d·井）比较合适。

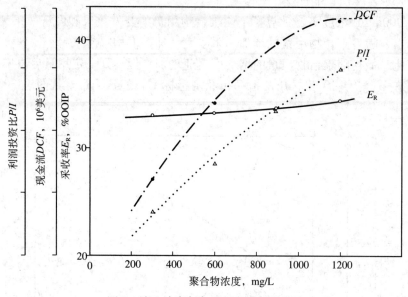

图9　注入浓度与各项开发指标的关系

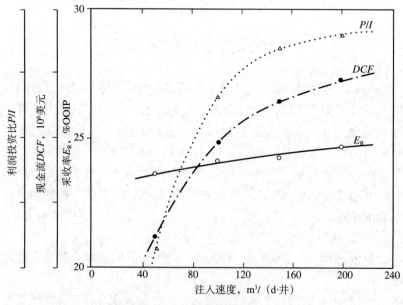

图10　注入速度与开发指标的关系

4）聚合物驱开发效果预测

在优化的聚合物驱条件下，对双河北块Ⅱ$_5$层在国内油价（170元/t）和国际油价（412元/t）条件下，进行了聚合物驱开发效果和经济效益预测。为了对比起见，我们同时预测了目前井网和加密井网（即聚合物驱井网）水驱的开发效果和经济效益，结果如表4和图11所示。

表4　1990年开始的不同开发方案的开发—经济指标

开发方式		目前井网水驱 16ha/井		加密水驱 6ha/井		加密聚合物驱 6ha/井	
方案编号		1	2	3	4	5	6
油价，元/t		170①	420②	170	412	170	412
投资，万元		40.7	40.7	3177	3177	7523	7523
采收率 %	经济极限	5.5	7.5	13.2	17.1	23.9	24.3
	含水98%	14.7	14.7	17.7	17.7	23.3	23.3
累计贴现流，万元		1440	5642	570	10336	4712	15770
利润投资比		11.88	43.75	0.21	3.74	1.08	3.61
还本期，a		6	12	6	11	9	10
每吨聚合物增油量，t						508	514

①当时国内油价；

②当时国际油价。

由表4中数据看出：

（1）不管在国内油价还是国际油价下，目前井网的水驱开发效果和经济效益都比较差，经济极限采收率分别只有5.5%和7.5%，经济效益分别只有1440万元和5642万元。

（2）加密水驱虽能比目前井网提高经济极限采收率（不同油价分别提高2%和5.7%），但在国内油价下加密水驱的经济效益大大降低（降低690万元），只有在国际油价下才有大幅提高（提高4694万元），因此，如果不给予一定的油价政策，加密水驱是不可行的。

（3）加密聚合物驱，不管在国内油价还是国际油价下，都比目前井网的水驱大大改善开发效果和经济效益。在国内油价下，聚合物驱比目前井网水驱提高经济采收率18.4%，增加收入3272万元。在国际油价下，提高经济采收率16.7%，增加收入10128万元。

由图11看出，聚合物驱比水驱产油集中，大大缩短了开发年限和注水量。另外，大部分油是在较低水含下产出，从而也大大减少了污水处理量。

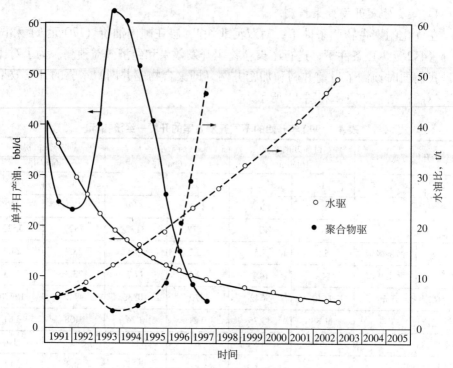

图 11　水驱与聚合物驱的预测生产动态曲线

6. 结论

通过可行性各专题的研究我们得出以下结论：

(1) 在双河北块 II_5 层聚合物驱可行性研究中，对 II_5 层油藏特征和油水运动特征进行了重新评价。给予了符合油藏实际的油藏描述和油水运动规律。

(2) 加密聚合物驱预测结果，聚合物驱比目前井网水驱，最终采收率提高 8.6%OOIP。经济极限采收率，412 元 /t 油价下提高 16.8%OOIP，170 元 /t 油价下提高 18.4%OOIP。

(3) 加密聚合物驱可大大提高油藏开发的经济效益，加密聚合物驱比目前井网水驱，在油价 170 元 /t 下，增收 3272 万元，在油价 412 元 /t 下增收 10128 万元。

因此，双河北块 II_5 层聚合物驱是可行的。

北块 II_5 层聚合物驱方案设计

1. 试验区位置、试验井组的选择及模拟区的确定

II_5 层聚合物驱可行性研究完成后，根据研究结果，河南石油勘探局认为该项

目很有必要继续下去，因此，从 1991 年就开始了 Ⅱ₅ 层聚合物驱方案设计的工作。

一方面为了使方案设计更有针对性，另一方面为在设计前打试验井时再取一些试验区的更多资料，因此必须首先选择试验区位置、试验井组及确定模拟区范围。

1) 试验区的选择

经与河南局的反复讨论认为，北块南部 Ⅱ₅ 层更具双河区油层的代表性，而且北块南部地面条件比较好，没有村庄，也没有什么建筑物，因此试验区选在北块南部。

其次，考虑到 407 井和 411 井注水量过大，试验区应相对远距这两口注水井。因此选在南部相对偏西的 406、泌 117、424 和 2333 井之间的区域。

2) 试验井组的选择

从试验的角度看，最好是相对规则的 4 个井组，而且井网密度要在合理的范围内。但是从实际情况看，如果要构成 4 个规则井组，需打多口井，经济上不能承受。另外，油藏范围也不允许。考虑到充分利用老井，确定在这一较小范围内布 3 口注入井与 1 口中心生产井，这样可构成中间一个规则的四点井组，周围形成 3 个不规则的试验井组，这样的布局即可考虑 3 个井组的效果，又可考虑中心井组的效果。

3) 模拟区的确定

因为试验井组少而且不够规则，如果不能很好的控制试验井组周围井与试验井组井之间的注采平衡，会造成大量内外窜流。另外，因井组少，如只评价试验井组，产量划分也会引起较大不确定性，不能准确评价试验效果。因此，最好把试验井组周围井与试验井组作为一个整体来考虑。

试验井组西面和南面是油层尖灭边界与断层边界，两个方向最好以边界为界；试验井组北面和东面与本油藏其他部分相连，为了减少产量劈分的影响，最好以注水井的连线为分界线。

最后确定的试验区位置，试验井组及模拟区如图 12 所示。

2. 近几年北块 Ⅱ₅ 层开发的重大变化和新的重要信息

1) 近几年的重大变化

聚合物驱可行性研究是在 1987 年底完成的，但随后的一次和二次加密，使基础条件发生了很大变化。这些变化主要有 1988 年进行了基础井网的第一次加密调整，投入了 5 口 J 字号井（J203、J204、J206、J207 和 J208），转注了 2353 井，使北块 Ⅱ₅ 层的总井数达 23 口，其中油井 17 口，水井 6 口。

但是由于这次加密调整增加的注水井很少（只 1 口），仍为点状注水，油井水淹严重。因此又在 1992 年进行了第二次加密调整，这次投入了一批 T 字号和 S

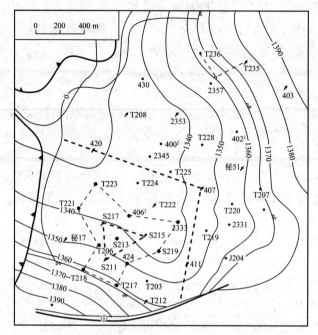

图 12　试验区位置、试验井组及模拟区

号井（S 号井是为聚合物驱专打的井），使全油藏总井数增至 41 口，其中油井 23 口，水井 18 口，基本形成了不规则的面积注水格局。

2）新的重要信息

第二次加密特别是试验中心井 S213 井的取心，为我们提供了一些新的重要信息。

根据 S213 井未水洗层段的岩心含水饱和度分析结果，回归出了油层原始含水饱和度与渗透率的下列关系式：

$$S_{wi}=6.14+51.97/\lg K$$

用该式计算，II_5 层束缚水饱和度为 24%，这一结果证实了我们在可行性研究中所确定的 II_5 层的原始含水饱和度 25% 基本是正确的。

S213 井岩心分析数据整理的水洗情况如表 5 所示。

表 5　S213 井 II_5 层水洗状况（1992 年底）

序号	层位	厚度，m	含油饱和度，%	水洗程度
1	II_5^1	0.95	75.0	未洗
2	II_5^1	1.60	75.0	未洗
3	II_5^2	1.49	49.6	弱洗

序号	层位	厚度，m	含油饱和度，%	水洗程度
4	II_5^2	0.72	66.3	弱洗
5	II_5^2	0.50	53.3	中洗
6	II_5^2	0.72	75.0	未洗
7	II_5^3	1.78	54.1	中洗
8	II_5^3	0.97	61.3	弱洗
9	II_5^3	0.78	53.0	中洗
10	II_5^3	3.01	47.1	中洗
11	II_5^3	0.51	52.3	弱洗
12	II_5^3	2.68	29.8	强洗
13	II_5^4	0.94	59.5	弱洗
14	II_5^4	0.94	67.0	弱洗

由于 II_5 层是多沉积环境下的沉积物，油层岩性和物性表现为多层段变化，因而水驱的水洗程度也呈多层段变化。不但小层之间水洗状况不同，即使同一小层也有多层段的水洗程度差别。它的水淹规律绝不是过去根据产液剖面所得出的"油藏已大段水淹"的认识。

由表中水洗程度一栏看出，中强水洗段约占50%，未水洗和弱水洗段约占50%。我们知道，这些中强水洗段已形成流动阻力小得多的通道，随后的注入水将有更大部分进入中强水洗段，将这些层段冲洗到残余油状态，即强水洗状态；而与此同时，进入未、弱水洗段的水会更少，只能将其很少部分冲洗成中水洗。可以预计，水驱最终波及系数也就60%左右。这与我们在可行性研究中根据水驱理论，依据该油藏条件（油水黏度比18，渗透率变异系数0.73），对该油藏的水驱波及估计是一致的。

尽管该井距周围水井最近者也有700m以上，这么远距离的各层段都仍受到不同程度的水洗，说明该油藏的水驱明显为层状驱替。层状驱替对封堵水层措施特别有利，只要哪一层段彻底水淹，将其封死，水就会进入另外的层。这样不断封堵，能使每层都达到彻底水洗，使采收率接近其驱油效率。重力作用大的块状油藏则封堵强水洗层效果差，虽然也能迫使注入水进入其他层，但注入水离开井底后仍会在重力作用下进入下部强水洗层。另外，这种层状油藏聚合物驱后将很快增产见效。

将各层段含油饱和度经厚度加权，求得剖面平均含油饱和度为54.5%。说明该井点处的采出程度为27%，低于Ⅱ₅层的平均采出程度33%。

3. 模拟区的历史拟合

这次模拟区的历史拟合之目的，是要通过对模拟区生产史的似合，建立一个符合模拟区实际油藏条件，又具有模拟区生产特征的一个油藏模型。

1）所用数学模型简介

这次历史拟合的任务是要模拟一个油藏较大的区，因此我们选取了一个功能较全的 VIP-Polymer 三维三相黑油—聚合物驱数学模型。这个数学模型是目前国际上较为先进的油藏模拟软件，它具有模拟衰竭式开采、水驱以及聚合物驱等功能。

2）输入数学模型的数据及整理

模型输入的油藏特征参数，大部分在可行性研究中已确定，这里需要处理准备的只有油藏地质模型和生产数据。

建立油藏地质模型所用的资料是模拟区各井电测解释的油层深度、厚度、孔隙度、渗透率等。把各井的这些数据，分8个分层输入各井所在的网格中。各井之间的网格，数学模型用一定的插值方法自行完成。

把各井从投产到1993年6月的生产数据，每半年整理一个点（半年的平均值）。将注入井注水速度和油井的产液速度输入数学模型、产油量和含水留作拟合量。

3）拟合过程

输入数学模型所要求的所有油藏数据后，首先进行初始平衡运算，检查输入参数是否协调平衡，及模型储量与实际储量是否相符。

经初始平衡检查表明模型有效后，就可进行计算了。根据试算结果。结合本油藏实际，判断试算结果与实际生产动态差异的原因。

根据本区的情况，我们首先调整边界注水井的分配系数，使模拟油藏压力处于人们认可的范围内（油藏没有压力资料），并使靠近边界注水井的油井的模拟含水上升趋势，基本与实际趋势相一致。然后再调整油藏内部油水井之间的渗透率差异性，使各井的模拟含水与实际含水上升规律及绝对值基本一致。在这一调整中，主要是加大高渗透层段的渗透率，这说明根据电测渗透率解释所建地质模型的非均质性，小于油藏实际非均质性。用电测解释统计的油藏渗透率变异系数为0.6，用岩心分析资料统计的油藏渗透率变异系数为0.75。这说明了我们的调整是正确的。

4）拟合结果及分析

(1) 油藏压力的拟合情况：

拟合计算的油藏压力变化，符合人们的认识（图13）。为了比较，我们将该区唯一有压力测定数据的424井的压力变化也绘于图中。由图看出，它们的变化趋势基本一致。至于1984年之前424井的实际压力低于模拟区的平均模拟压力，是因为 1984 年前 424 井附近没有注水井。1984 年 424 井附近的 411 井投注而且注水量很大，因此又使 424 井的压力高于模拟区的平均模拟水平。

（2）模拟区产油和含水拟合情况：

模拟到 1993 年底，模拟产油 97.9×10^4t，含水 90.4%；实际产油 99.7%，含水为 89.9%。可以说基本一致。到 1993 年底模拟区的采出程度为 38.5%。模拟区的拟合含水与实际含水拟合情况如图 14 所示。

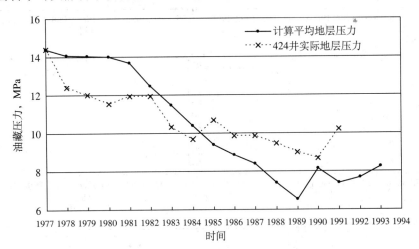

图 13　拟合油藏压力变化曲线

图 14　模拟区实际含水与拟合计算含水曲线

（3）单井生产含水拟合情况：

模拟区老井不多，对这些井的拟合情况，我们以曲线给出（图 15），从中即可看出趋势的拟合情况，又可看出绝对值的拟合情况。

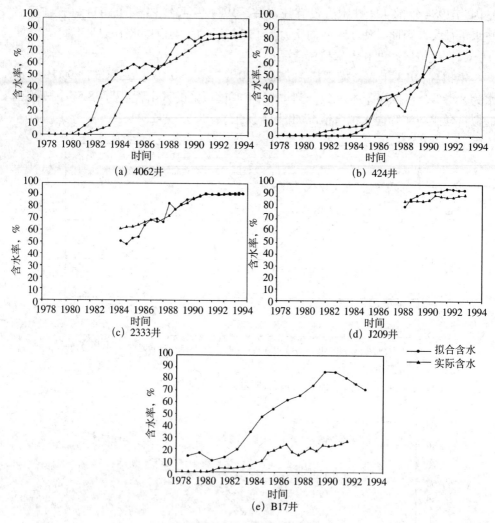

图 15　单井生产含水拟合情况

　　而对于大部分新投产的井，由于时间短看不出趋势情况，我们以特定时间的实际含水与拟合含水列表给出（表6）

　　从图15的曲线和表6中的数据可看出，除B17井的拟合较差外，其他井的拟合基本是满意的。

　　B17井拟合差的原因它是合采井，1991年生产含水已达80%，但找水测试发现Ⅱ$_5$层生产含水很少（认为仍不含水）。因此拟合结果基本符合Ⅱ$_5$层的实际含水，而油井的生产含水并不代表Ⅱ$_5$层的实际情况。这一事实告诉我们，在油井发生窜槽或合采时，油井生产含水并不一定代表某一油层的真正产水情况。对拟合不好的原因要做出正确判断，不可硬性拟合，否则反而会做出错误结果。

表 6 模拟区 1992 年底部分油井含水拟合情况

井　号		T217	T223	T224	T225	T203	T206
含水率 %	实测值	53.0	79.4	64.3	86.0	89.0	82.5
	拟合值	59.0	74.5	75.0	89.0	89.0	79.0

4. 水驱预测

为了给聚合物驱提高采收率值有个基础，要对水驱结果有个预测，但对如何预测产生了分歧：集中表现出下列三种意见：

第一种意见是要在目前实际执行的注采量下进行预测，以得到目前水驱条件下的水驱结果，称此方案为基础方案。

第二种意见是双河采油厂给的配产配注方案，他们的配产配注方案是以油井为中心得出的，称此方案为双河方案。

第三种意见是以注水井为中心进行配产配注。这一方案是北京石油勘探开发研究院采收率所给出的，这种意见是以注入井划分井组（图16）。根据井组体积大小，将总注入量（0.114PV/a）先按比例分配给各注入井，然后再适当考虑加快西部开发速度，适当放慢东部开发速度，作适当调整，以使全模拟区达到同步开发；对各油井的配产液量，根据各油井的供液体积，按比例将总产液量（根据注

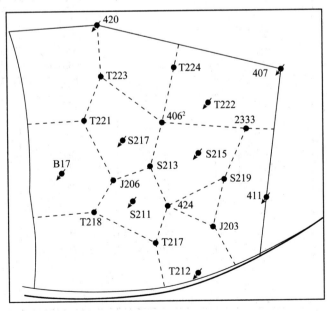

图 16 以注水井为中心模拟区的井组划分

采平衡取总注入量），分配到各生产井，再按该井的含水高低略作调整，称这一方案为优化方案。

各方案的配产配注见表7。对各方案预测了10年，结果是：

基础方案：累计产油 107.4×10^4t，采收率41.9%，最终含水99.6%；

双河方案：累计产油 113.5×10^4t，采收率44.3%，最终含水98.2%；

优化方案：累计产油 114.3×10^4t，采收率44.6%，最终含水98%。

比较3个方案的预测结果，基础方案最差，说明目前执行的注采速度不合理，需要调整；双河方案比基础方案有很大改观，但不如优化方案好，因此决定执行优化方案，并以此方案的水驱结果作为聚合物驱提高采收率的对比基础。

从水驱最终采收率的确定过程可以看出，把水驱最终采收率44.6%作为聚合物提高采收率的基础，这一条件是非常苛刻的，它既考虑了加密的效果，又考虑了优化水驱的效果，而且44.6%的水驱最终采收率又是以扩大的原始储量计算的，这在提高采收率项目预测中可能是绝无仅有的！

表7 不同方案的配产配注表

井 别	井 号	基础方案，m³/d	双河方案，m³/d	优化方案，m³/d
注入井	420	75 (90)	80 (100)	60 (800)
	411	230 (330)	100 (190)	140 (200)
	407	90 (350)	50 (100)	80 (300)
	T222	320	250	180
	S217	140	120	115
	S215	190	210	210
	S211	90	140	105
	B17	40	70	50
	T212	150	70	105
	合 计	1325	1090	1055
油井	T224	194	180	120
	T223	135	80 (190)	80 (90)
	T221	19	30	30
	J206	65	60	70
	T218	29	30	30
	T217	53	60	50
	424	162	140	100
	S213	64	80	90
	406²	158	140	130
	2333	190	180	175
	J203	24	40	100
	S219	50	50	80
	合 计	1144	1070	1090

注：括号内数字为全井注采量

5. 聚合物驱预测

到目前试验室已测定了最后选定的注入聚合物 S525 的部分物性和渗流性参数，并且进行了注入试验，取得了一些矿场实际结果（进入油层后聚合物溶液黏度大约能保留 48%）。为了使预测更符合实际，对聚合物溶液的物性和渗流特性，根据最后选定聚合物的试验结果作了一定修正，修改后的性能参数见表 8。

表 8 聚合物溶液油藏条件下的性能参数

等效含盐量, g/cm³	0.0155			0.0300			0.0460		
参数 浓度, mg/L	μ_P mPa·s	Q_P g/m³ （岩石）	RRF	μ_P mPa·s	Q_P g/m³ （岩石）	RRF	μ_P mPa·s	Q_P g/m³ （岩石）	RRF
0.0	0.5	0.0	1.0	0.5	0.0	1.0	0.5	0.0	1.0
500.0	9.0	30	1.8	6.0	34	1.9	4.0	35	2.0
800.0	22.5	42	2.3	15.0	45	2.4	10.0	49	2.5
1200.0	49.5	45	2.5	33.0	50	2.6	22.0	52	2.7

至于聚合物用量以及浓度，以前已进行了大量筛选工作。这里不再改变。按优化方案的配产配注，先注入聚合物段塞，然后接着注水，共驱替 10 年。聚合物驱预测结果如表 9 所示。

表 9 聚合物驱的预测结果

时　间	日产油 m³	日产水 m³	含水 %	累计产油 10⁴m³	采出程度 %OOIP	压力 MPa
1993.12.31	105.7	993	90.4	97.9	38.2	
1994.12.31	108.6	931	89.6	101.7	39.7	9.4
1995.12.31	121.3	919	88.3	105.9	41.4	9.5
1996.12.31	103.8	936	90.0	110.2	43.0	9.6
1997.12.31	69.4	971	93.3	113.3	44.2	9.7
1998.12.31	48.8	991	95.3	115.5	45.1	10.0
1999.12.31	37.1	1003	96.4	117.0	45.7	10.1
2000.12.31	29.8	1010	97.1	118.2	46.2	10.3
2001.12.31	24.8	1015	97.6	119.2	46.5	10.5
2002.12.31	21.2	1019	98.0	120.1	46.9	10.6
2003.12.31	18.5	1022	98.2	120.8	47.2	10.8

由表9中数据可看出，聚合物驱10年，模拟区累计产油 120.8×10^4t，采收率达47.2%。与优化水驱相比，模拟区多产油 6.6×10^4t。

我们知道，模拟区有9个井组，3个井组为聚合物驱，另外6个井组仍为优化水驱，其增产油实为3个聚合物驱井组的贡献，按3个井组的原始储量（76×10^4t）考虑，则聚合物驱比水驱提高采收率为 $\Delta E_R = 6.6 \times 10^4$t $\div 76 \times 10^4$t= 8.7%OOIP。

如果以聚合物驱的中心井组考虑，中心井组原始储量 13.1×10^4t，中心井聚合物驱10年产油 2.77×10^4t，而优化水驱10年产油 1.6×10^4t，那么中心井组的聚合物驱提高采收率为：

$$\Delta E_R = \frac{(2.77 - 1.6) \times 10^4}{13.1 \times 10^4} = 8.9\% \text{OOIP}$$

聚合物驱受效最大的几口井的水驱和聚合物驱动态如图17所示。

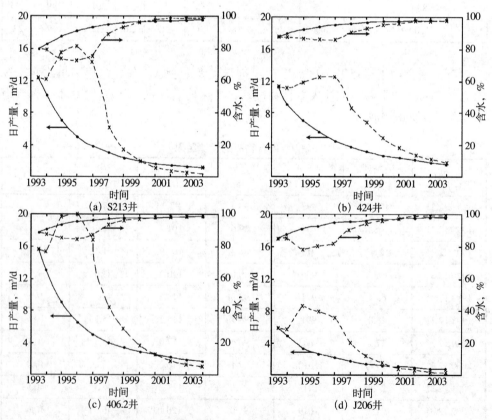

图17　几口聚合物驱主要受效井的水驱与聚合物驱的生产动态

6. 实施中应注意和应做的工作

（1）配制聚合物用水水质对聚合物溶液黏度和注入能力有很大影响，要求供水机械杂质含量在 15mg/L 以下，水中铁离子含量在 15mg/L 以下，要求存输聚合物配制用水的储罐和管线以及输送聚合物溶液的管线和油管都要用涂料衬里。

（2）方案交付实施后，首先将注入井和生产井的注入速度和产液速度调到配产配注量，其偏差要小于 ±10%。

要注意，比较表 7 中基础方案和优化方案生产井的配液量看出，T221、S213、J203 和 S219 四口井的配液量大于目前的实际产液量，这些井能否完成配产任务还是一个问题，特别是 S213 井是聚合物驱效果的主要观察井，一定要保证它的正常生产，如有必要，对这些井要及时采取增产措施。

（3）完成配产配注调整并生产 3 个月后，对 S211、S215 和 S217 三口井进行一次吸水剖面测试。如某口井的吸水剖面出现以下情况，则需对该井进行调剖工作：

①吸水厚度小于总油层厚度的 60%；

② 30% 厚度的吸水量超过总注入量的 70%。

（4）实际注入的聚合物段塞组成：

在聚合物驱预测中，用的是一定浓度的聚合物段塞，但国内外聚合物驱中实际用的是逐次降低聚合物浓度的组合段塞。我们设计的注入段塞组合如表 10 所示。

表 10 实际注入的聚合物段塞组成表

段塞	注入量 %PV	浓度 mg/L	日注量 m³/d	聚合物用量 t	注入时间 d
前缘	5.0	1100	330	61	152
主体	25.0	900	330	250	758
后尾	7.0	500	330	39	212
合计	37.0	946	330	350	1122

（5）实施中的主要监测工作：

①吸水剖面测试，S211、S215 和 S217 井注聚合物前测一次，注聚合物后每半年测一次。

②油气水计量，每口井每周计量一次。

③产出液分析，聚合物注入两个月后，周围的油井每周进行一次产出水聚合

物浓度、黏度测定。

④跟踪分析，对聚合物驱生产动态及时进行分析，发现问题及时解决，每半年总结一次试验情况。

⑤方案调整，经验告诉我们，没有一成不变的油藏开发方案。对试验中出现的问题，应及时分析找出原因并加以调整，使开发效果向好的方向发展。

实施过程及效果

1992年11月开始在聚合物注入井注清水进行预冲洗。1993年3月对3口聚合物注入井注示踪剂，观察水流方向及速度。根据示踪剂流向及流速的分析，认为水窜比较严重，因此于1993年9月对3口聚合物注入井进行了一次大剂量的 MS-881 深调剖，使水的窜流受到一定控制，使高吸水层的吸水量降低50%左右。

1994年2月3口注入井分别按方案设计段塞浓度开始注聚合物。注聚合物一个月后，中心区的4口油井含水就开始趋于稳定。两个月后，中心井的含水开始下降。到1995年2月，注聚合物0.17PV时，各井效果就陆续达到高峰。中心井含水由89.2%降到66.2%，日产油由注聚合物前的7t/d上升到33t/d。中心区4口井的含水由平均92.5%，下降到平均81.5%，日产量由33t/d升到70t/d。这些见效快、见效猛的特征，充分证明了油藏工程分析中所预计的北块Ⅱ$_5$层为层状驱的特点。

到1995年7月，发现S217井与406和S213井之间已有聚合物窜通，因此于1995年8月又对S217井用 PAB-1 进行了一次调剖。调后406井的聚合物产出浓度由调剖前的406mg/L降到227mg/L，S213井由调剖前的132mg/L降到76mg/L。

到1997年6月，聚合物段塞全部注完并转入注水。

聚合物实际注入349mg/L·PV，注入体积0.41PV，共注聚合物389t，与方案设计量多3.9t。

截至1997年底，3个井组的聚合物驱产油 17.1×10^4t，增产油 6.1×10^4t，生产含水91%，预计最终提高采收率10.2%，比方案预计的8.7%高出1.5个百分点，每注入1t聚合物增产油156t。

截至1997年底，模拟区Ⅱ$_5$层加密井网的水驱，加密优化水驱以及聚合物驱的效果如图18所示。但需注意的是，加密水驱和加密优化水驱是整个模拟区的效果，而聚合物驱的效果只是3个井组的。如果整个模拟区都进行聚合物驱，其效果会更突出。

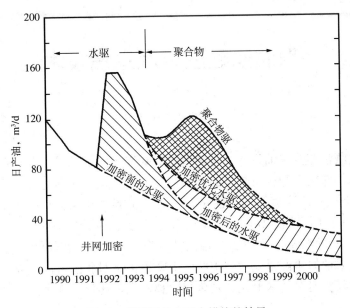

图 18 模拟区几个重大措施的效果

稠油油藏注蒸汽采油技术

（1998 年 9 月）

稠油油藏注蒸汽采油技术，自 20 世纪 50 年代问世以来，由于它对解决稠油油藏采油的特殊效力和相对较低的采油成本，迅速发展成强化采油的重要方法之一。从 70 年代起，注蒸汽的产油量，一直占世界强化采油产量的 60% ~ 70%。经过几十年的不断发展，目前已基本成为一套比较成熟的技术。

我国自 20 世纪 80 年代初开始应用注蒸汽采油技术，在仅仅十几年的时间内，我国注蒸汽采油的年产量就达到 $1000 \times 10^4 t$ 以上。对我国石油工业的上产稳产作出了巨大贡献。但在技术上尤其是蒸汽驱技术上，还存在许多值得研究和探索的问题。

本文将集中讨论近年来我们在研究探索注蒸汽采油中得到的一些新认识，以及为解决稠油注蒸汽技术的一些问题而建立的一些实用方法。

对蒸汽吞吐采油技术一些问题的探讨

蒸汽吞吐是注蒸汽采油中发展较快的一项技术，尤其是 20 世纪 50—60 年代，大部分注蒸汽采油项目都是蒸汽吞吐项目，所以它也是成熟较早的一项技术。从国内外来看，都是比较完善配套的技术了。但最近参加一些现场蒸汽吞吐咨询及阅读我国蒸汽吞吐的一些设计实施资料和国外的一些文献，发现我国的蒸汽吞吐在以下几个方面可能还存在一些问题，因此，在这里提出和探讨，以对我国的蒸汽吞吐做进一步改进。

1. 关于注入压力问题

在国外的许多有关蒸汽吞吐采油文献中，经常提到蒸汽注入能力问题，即在油藏破裂压力以下能否达到所希望的注入速度。为了在油藏破裂压力以下获得所希望的注入速度，一般是先进行一段时间的常规衰竭开采，或慢速注汽以预热井底附近地层。待地层压力降到一定程度，再在破裂压力以下开始注蒸汽采油等。但是，在我国的蒸汽吞吐采油中，对这一问题没有引起足够的重视，而往往是在破裂压力或破裂压力以上强行注入（特别是特超稠油油藏）。这一注入策略，对某些油藏的吞吐效果以及随后的其他开发方式的开发效果，可能会造成极坏的影响。因为在注入压力过高（超过破裂压力）的情况下，注入蒸汽会通过高压所诱导的地层裂缝或高渗透带窜到远离注入井的某一地方，而井筒附近的地层没有得到有效加热。在这种情况下，当油井开井生产时，由于井底压力的降低，裂缝重新闭合及高渗透带的重新压实，而使注入到远离井筒的蒸汽凝析水被封固在原地，发挥不了应有的作用；与此同时，由于井底附近地层受热有限，产油也少，因此，凡超压（注入压力高于破裂压力）注汽的油井，其生产特点都表现为周期产油量少，回采水率低，温度剖面不均，只有某一层段温度较高。这一情况用辽河曙光油田杜 84 块油藏的吞吐资料最能说明问题。据杜 84 块蒸汽吞吐的统计资料，高于破裂压力注入井的平均周期产量 325t，比平均周期产油量 675t 几乎低一倍。回采水率也很低，只有 10% 左右。例如，曙 1-32-41 井在破裂压力以上注蒸汽 844t 后，距该井 29.5m 的曙 1-33-042 井其含水从 50% 猛升到 90%，说明单层段突进之严重。

以上分析和实例说明，对注入能力有问题的油藏，不能强行注入，而是要采取一些必要的措施，提高其注入能力。在不得已的情况下，宁可牺牲初期的注入速度，也要把注入压力保持在破裂压力以下。

2. 注汽管柱下入深度问题

目前我国蒸汽吞吐的注入管柱，基本上都是下到油层顶部 [图 1 (a)]。在这种情况下，注入的蒸汽流出注汽管柱后，就进入了截面积较大的套管中。由于流动截面积的增大，蒸汽流速下降，汽液分离作用增大，使蒸汽中的汽相大都滞留在油层的顶部，而液相下沉到油层底部，从而使油层上部注入的大部分为汽相，下部注入的大部分为液相，因而上部吸热多，下部吸热少，使油层吸热极不均匀。其结果，一方面不能充分发挥所有层段的产能；另一方面因下部动用较差而不能充分发挥蒸汽吞吐采油中的重力泄油作用。如果我们把注汽管柱下到油层底部，让注入蒸汽流出注汽管柱后，通过环空上返进入油层 [如图 1 (b) 所示]。这样，因环空流动截面较小，蒸汽流速相对较大，汽液分离作用小而使汽液混合进入油层，从而可大大改善油层的吸热剖面，提高吞吐效果。

有人曾做过这方面的试验，试验装置如图 2 所示。它是为模拟油套管柱而做成一个长筒形容器。在容器上、中、下开 3 个孔，通过油管柱入一定比例的空气与水的混合物，并分别进行了将油管下到油层顶部和底部的两组试验。分别记录油管下到顶部和底部的气液分配情况。

试验结果表明，油管下到油层底部比下到顶部的气液分配均匀得多。还有人进而做过尾管尺寸的试验，结果表明，当尾管尺寸较大，环空截面较小时气液分配得更均匀。

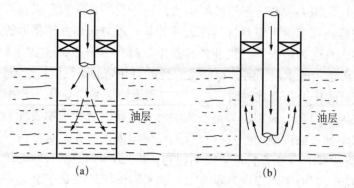

图 1　蒸汽吞吐管柱示意图

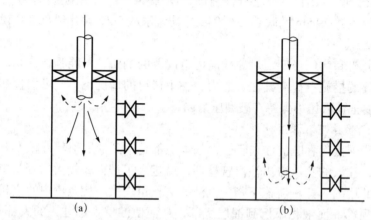

图 2　管柱下入深度试验示意图

3. 关于注入蒸汽干度的问题

　　蒸汽吞吐产量的响应，在一定程度上主要取决于注入油藏的总热量[1, 2]。我们研究结果也得到同样的结论。这就是说，为了将一定的热量注入油藏，可以用较少质量的高干度（如 60% ~ 70%）蒸汽，也可用较大质量的低干度（如 20% ~ 30%）蒸汽。对一个具体油藏是注入高干度蒸汽还是低干度蒸汽，这要视油藏条件而定。

　　为了提高井底的蒸汽干度，可通过两种方法来实现：一是通过改造锅炉，提高锅炉蒸汽干度或安装水汽分离器来提高输出蒸汽的干度。但这都需要进行严格的评估计算，即要分析改造锅炉或安装水汽分离器的投资，与提高蒸汽干度改善效果的收益相比是否合算。一般说来，目前锅炉的额定干度都能达到 70% ~ 80%，如果再想提高其干度不但花费很大，而且提高值也有限。所以在目前技术条件下，作为使用者不宜再研究提高锅炉蒸汽干度问题。二是采用高质量的隔热管线和油管，以减少输送过程中的热损失，把具有一定干度的锅炉蒸汽，尽量保持其干度输送到井底。这也需要把采用高质量隔热油管和管线的附加投资与采用高质量隔热油管所带来的效益作一比较，从而选用经济效益最好的隔热管柱。

所以，对于一个具体油藏，蒸汽吞吐的井底蒸汽干度要通过设计确定。正确的作法是，确保锅炉出口的蒸汽干度达到锅炉的额定干度；然后再通过适当的隔热管柱，把尽可能高干度的蒸汽输送到井底。

4. 周期注汽量的优化

据 S.M.Faroug Ali 的"注蒸汽采油经验"一文介绍，在大多数蒸汽吞吐生产中，在一定范围内任一周期的产油量与周期蒸汽注入量成正比，特别是高黏油更是如此，因为高黏油的强化采油量基本上取决于加热的油藏体积。在加利福尼亚，一般是一个周期注 1600t 左右的蒸汽，注蒸汽时间 2 周以上；在加拿大的冷湖，由于油的黏度较高，一般一个周期注 5000t 左右的蒸汽，注汽时间超过一个月。在我国以往的蒸汽吞吐设计中，周期注汽量的优化方法，一般是从某一注汽强度（如每米油层 50t）开始，逐步增加注汽强度，用净增油最多的注汽强度段作为最优周期注汽强度。这种优化法的实例见庄丽对曙一区蒸汽吞吐周期注汽量的优化设计（优化计算结果如表 1 和图 3 所示）。

表 1　曙一区周期注汽强度优化结果（引自庄丽的报告，1996 年）

注汽强度 t/m（油层）	生产时间 d	注汽量 t	产油量 t	净产油量 t	净增量 t	油汽比
50	133	2000	1091	948	0	0.546
60	158	2400	1506	1335	387	0.629
70	193	2800	1931	1731	396	0.690
80	236	3200	2414	2185	454	0.754
90	259	3600	2852	2595	410	0.792
100	265	4000	3157	2830	235	0.788

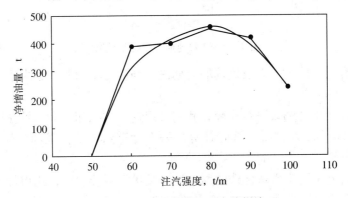

图 3　曙一区周期注汽强度的优选

从表 1 和图 3 看出，优选的最佳注汽强度是 80t/m。这一结果实际优选的是最大增油点，它既不是最高油汽比点（此点在 90～100t/m 之间），也不是最佳经济点，因为这一优选中没有全面考虑经济因素。所以我们认为这一优化的目标函数不够明确。蒸汽吞吐的周期注汽量应以最大经济效益为目标函数。

根据蒸汽吞吐生产的特点，提出以下目标函数：

$$IR = \frac{(Q_o - Q_f) \cdot P_r - C_i - t \cdot C_p}{t} \tag{1}$$

式中　IR——蒸汽吞吐生产的日效益，元 /d；

　　　Q_o——蒸汽吞吐产油量，m³；

　　　Q_f——蒸汽吞吐燃油量，m³；

　　　P_r——油价，元 / m³；

　　　C_i——注汽作业费，元；

　　　C_p——油井操作费，元 /d；

　　　t——生产时间，d。

用这一目标函数，我们对冷 42 块油藏，在 100m 井距条件下进行了蒸汽吞吐周期注汽强度的优化，结果如图 4 所示。

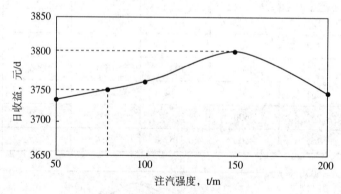

图 4　冷 42 块周期注汽强度优选

由图 4 看出，用这一方法优选的周期注汽强度为 150t/m，远大于用最大增油法所优选的 80t/m 这一值。

为了与以前优选结果进行比较，我们又用这一方法和最大增油法所优选的周期注汽量，对冷 42 块进行了吞吐计算，一直计算到经济极限油汽比 0.25 为止，结果如表 2 所示。

由表 2 可看出，用本法优选的周期注汽量进行吞吐生产，比用最大增油量法优选的周期注汽量进行吞吐生产，可使单井净增油 500m³。

表 2　冷 42 块不同周期注汽量的开发效果

优化方法	周期注汽量 t	周期数	生产时间 d	总采油量 m³	净产油 m³	油汽比	采收率 %	平均产量 m³/d
本方法	4500	4	1450	9817	8531	0.545	11.9	6.77
最大增油点法	3000	5	1351	9103	8031	0.607	10.0	6.74

此外，用本法比最大增油法还少吞吐一个周期，这对减少井的伤害、延长井的寿命也是有利的。

5. 注汽后焖井时间的优化

蒸汽吞吐生产中，注汽后的焖井，主要是为了把注入蒸汽所携带的潜热有效地传给油藏，防止采油时采出过多的蒸汽；同时也为了把地层均匀加热，以发挥更大的油层产油能力。国外的经验是，对不同油藏和注入条件（注汽量和蒸汽干度），焖井时间一般为 3 ~ 14 天。我国设计的焖井时间大都在 2 ~ 3 天，实施中有的为了"趁热打铁"，甚至把焖井时间缩到 1 ~ 2 天。这样做的结果会造成大量的热损失。图 5 示意地说明了不同焖井时间油藏中的温度分布以及不同焖井时间开井后所采出的汽化潜热。图的横坐标是距井筒的距离，纵坐标为油层温度。曲线 1 是刚注完汽时的温度剖面，曲线 2 是焖井 3 天的温度剖面，曲线 3 是焖井 9 天的温度剖面，曲线 4 是开井生产后的温度剖面。曲线 4 所对应的温度，实际是对应压力的饱和蒸汽的温度。曲线 1、2 和 3 与曲线 4 所包围的面积分别为不同焖井时间开井后热水重新汽化所带走的潜热。

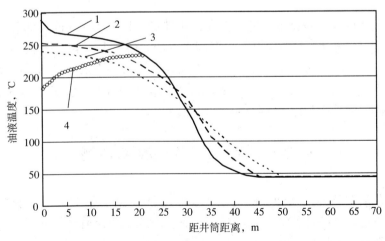

图 5　不同焖井时间及开井生产后油藏中温度分布的示意图

由图 5 看出，焖井时间越短，注入热越集中在井底附近，开井后被重新汽化的水所带走的潜热越多。但是焖井时间也不能过长。焖井时间过长，向顶底层的热损失就会增大，而且也会拖延生产时间。所以，对于一个具体油藏和注汽条件（注汽量和干度），应存在一个最佳焖井时间。

我们在周期注汽量4000t、注汽速度200t/d、井底蒸汽干度40%的条件下对冷41块的焖井时间进行了优化，结果如表3所示。

表3　冷41块焖井时间的优化结果

焖井时间, d	生产时间, d	周期产油量, m³	油汽比
3	613	3879	0.862
6	616	3885	0.863
9	618	3897	0.866
12	618	3890	0.864
15	614	3884	0.863

由表3看出，对于冷41油藏和注汽条件，焖井9天左右最好。

需要说明的是，适当延长焖井时间，留在油藏中的热量较多，这对下一个吞吐周期是有利的。所以，我们应该针对具体油藏和注汽条件，通过热损失和压降分析来优化焖井时间，以提高蒸汽吞吐效果。

经验告诉我们，蒸汽吞吐生产的焖井时间，一般应为一周左右，并且开井生产初期应自喷生产一段时间（一般几天），以利用回压防止热水的闪蒸。

6. 小结

蒸汽吞吐尽管已是比较成熟的技术，通过防止超压注入、改进油管下入深度和尾管尺寸、改进周期注汽量和焖井时间等方法，还能进一步改善蒸汽吞吐效果。当然，为了进一步改善吞吐效果，还可采取分层注入、调整吸汽剖面以及蒸汽中添加化学剂和非凝析气等措施，必要时还可优化井网密度。但这些技术投资大，技术较复杂，需要针对具体油藏作具体研究。

蒸汽驱油藏选择及采收率预测

尽管蒸汽驱是开发稠油油藏的重要技术，但它也与任何强化采油技术一样，只有具有一定油藏条件的油藏才适合蒸汽驱。因此，选择适合蒸汽驱的稠油油藏进行蒸汽驱是蒸汽驱取得较好经济效益的首要条件。

对于什么样的稠油油藏适合蒸汽驱，国内外学者们已进行了许多研究，特别是K.C.Hong对这一问题已做了较全面的论述[1]。也有些学者根据自己的经验，提出了一些蒸汽驱油藏筛选标准[2]。但是，这些文献中都没有给出油藏参数对蒸汽驱效果的定量影响，更没有给出具有某一参数组合的一个具体油藏的蒸汽驱效果。为了给出这些答案，我们用数值模拟方法进行了研究，这里介绍一下研究内容和结果。

1. 数值模拟中所用油藏模型和操作条件

1）基础油藏模型

埋深800m，纯油层厚度18m，净总厚度比0.6，平均孔隙度30%，平均渗透率1D，渗透率变异系数0.6，垂直与水平渗透率之比0.5，含油饱和度65%，地层油黏度500mPa·s，油藏压力5MPa，温度30℃。

2）操作条件

井网：注采井距100m的五点井组；

注汽速率：1.6m³/（d·ha·m）（总油层）；

采注比：1.3；

井底蒸汽干度：50%；

结束条件：瞬时油汽比0.15。

2. 主要油藏参数对蒸汽驱效果的影响

1）油层厚度的影响

计算结果如图6所示，由图看出：

（1）对蒸汽驱来说，存在一个最佳油层厚度。随着偏离最佳厚度程度的增加，蒸汽驱效果迅速下降，其原因是：当油层变薄时，由于向盖底层热损失比例的增大，热利用率变差；而当油层过厚时，由于井筒中汽、水重力分离以及油层中蒸汽超覆作用的增强，也使蒸汽的热利用率变差。

（2）如果以单因素的影响使汽驱采收率降到40%为界，则油层厚度在8m以下或50m以上，该油藏就不适合蒸汽驱了。

2）油藏原油黏度的影响

计算结果如图7所示，由图看出：

（1）在半对数坐标纸上，随着油藏原油黏度的增大，蒸汽驱的采收率几乎呈线性下降。

（2）原油黏度对蒸汽驱效果的影响幅度并不算太大，当地层油黏度从50mPa·s增至5000mPa·s时，汽驱采收率只降低了15个百分点。在所研究的黏度范围内，蒸汽驱都是有效的（采收率都大于40%）。

（3）需要注意的是，尽管原油黏度对汽驱效果影响不大，但黏度过大会使驱动力很高，从开发效果和操作因素考虑，常规汽驱的地层油黏度最好小于10000mPa·s（油层温度下脱气油黏度小于20000mPa·s）。

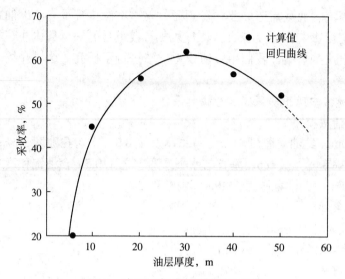

图 6　油层厚度对汽驱效果的影响

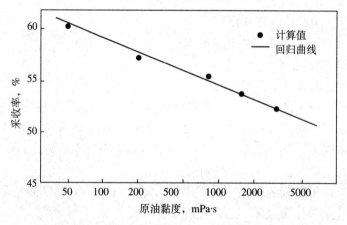

图 7　原油黏度对蒸汽驱开发效果的影响

3）含油饱和度的影响

计算结果如图 8 所示，由图看出：

（1）在直角坐标系中，随着油藏含油饱和度的增加，蒸汽驱的采收率线性增加。当含油饱和度小于 45% 时，就不适合蒸汽驱了。

（2）需注意，这里的汽驱采收率是以汽驱初始含油饱和度的储量计算的，如果油藏原始含油饱和度 70%，在其他开发方式将含油饱和度降到 45% 时才开始汽驱，即使汽驱能采出初始储量的 40%，也只采出原始储量的 26%，远低于单因素影响采收率不低于原始储量 40% 的标准。所以对含油饱和度的考虑要特别谨慎，应以初始含油饱和度大于 50% 的油藏为汽驱对象。

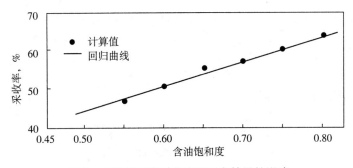

图 8　含油饱和度对蒸汽驱开发效果的影响

4）油层非均质的影响

计算结果如图 9 所示，由图看出：

（1）油层非均质性对汽驱效果影响很大，其汽驱采收率从渗透率变异系数 0.4 时（较均质油层）的 55%，下降到变异系数 0.8（较严重非均质油层）时的 35%。在实际油层非均质范围内（变异系数 0.4 到 0.8），汽驱采收率与变异系数基本呈线性关系。

（2）当油藏的渗透率变异系数大于 0.7 时基本就不适合蒸汽驱了。

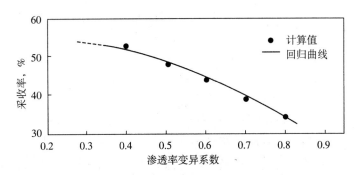

图 9　渗透率变异系数对蒸汽驱开发效果的影响

5）油层净总厚度比的影响

计算结果如图 10 所示，由图看出：

随着净总厚度比的增加，汽驱效果逐渐变好，但当净总厚度比大于 0.6 以后，改善幅度变小，当净总厚度比小于 0.6 时，随着净总厚度比的减少，汽驱效果则急剧下降，当净总厚度比小到 0.4 时汽驱就基本无效了。

6）油藏埋深的影响

油藏埋深过大，不但影响注入蒸汽的干度，而且其压力能否有效地降低（如有无大边水或大气顶）也是影响汽驱成败的关键因素。因此不能一概而论。但是，在以下假设下还是可以确定其影响程度的：

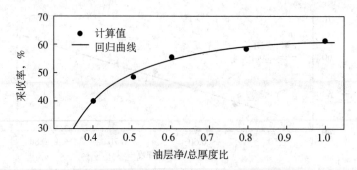

图 10　净总厚度比对蒸汽驱开发效果的影响

（1）封闭油藏，无大的边水和气顶，可以把油藏压力降到符合汽驱要求的压力。

（2）在现有隔热技术条件下，井深 1600m 时注入蒸汽已全部变为热水。

（3）埋深从 800m 到 1600m，采收率随深度线性下降，深度小于 800m 时，采收率不受深度影响。

在上述设定条件下，当深度为 1600m 时，数模计算，热水驱的采收率为 34.8%。因此，汽驱采收率随埋深的变化为：

$$E_R = (E_R)_{800} - \frac{(E_R)_{800} - (E_R)_{1600}}{1600 - 800}(D - 800)$$

$$= 55.6 - \frac{55.6 - 34.8}{1600 - 800}(D - 800)$$

$$= 55.6 - 0.026\ (D - 800)$$

$$= 76.4 - 0.026D$$

式中 D 为油藏埋深，$800 < D < 1600$。

由上式的计算结果可看出，当油藏埋深大于 1400m 时，在现有的隔热技术下蒸汽驱已基本无效。

3. 蒸汽驱采收率预测公式（油藏参数式）的建立

上面我们用数值模拟方法得到了各个油藏参数对汽驱效果的影响，下面我们通过回归得到各个参数影响的回归曲线式，然后再通过这些影响因素的叠加，得到具体油藏蒸汽驱的采收率公式：

$$\begin{aligned}
E_R = &\ 8.97 + 2.82h_o - 0.04h_o^2 + 3.59\lg\mu_o - 1.41\lg^2\mu_o + 62.04S_o \\
&+ 5.56V_p - 39.52V_p^2 - 131.41\lg^2 h_r - 0.026D
\end{aligned} \tag{2}$$

式中　E_R——汽驱采收率，%；

　　　h_o——油层净厚度，m；

μ_o——油藏油黏度，mPa·s；

S_o——初始含油饱和度；

V_p——渗透率变异系数；

h_r——净总厚度比；

D——油藏埋深，m。

该预测公式的精度如何，我们把公式计算结果与手头资料比较齐全的蒸汽驱油藏的数模结果和实际结果做一对比，结果如表 4 所示。

表 4　蒸汽驱公式预测结果与数模和实际结果对比表

油藏	齐 40	胜利草 20	新疆九区	美国克恩河 A 区	美国克恩河十井组	印度尼西亚杜尔
公式预测	58	41	58	49	53	51
数模计算	61	46	62	48	50	50
实际结果	—	23	31	51	48	50

由此表可以看出，油藏参数法的计算结果，与数模计算结果和国外成功汽驱的实际结果，都非常一致，而与实际结果差别比较大的胜利油田草 20 和新疆油田九区，正是这些油藏的汽驱没有实现真正汽驱造成的。

可以看出，油藏参数法的预测精度是非常高的，利用这一公式进行蒸汽驱油藏选择，可以大大减少油藏选择不当的风险。在目前油价下（20 美元 /bbl），对于一个新投入开发的油藏，只要油藏参数法预测的采收率大于 40%OOIP；对于一个老油田，只要预测的汽驱采收率大于 30%OOIP，在经济上就会有一定效益。

蒸汽驱的最佳操作条件

前节研究解决了蒸汽驱油藏的选择，现在的问题是对所选的适合蒸汽驱的油藏，如何操作才能保证能使汽驱成功。

汽驱实践表明，汽驱能否达到油藏条件应有的采收率，与汽驱操作条件有很大关系。对这一问题，S.M.Faroug Ali 和 R.F.Meleau 已进行过论述 [3]，但对操作条件的影响程度却没有给出定量的结果。为了使汽驱在最佳操作条件下运行，我们系统地研究了注汽速率、采注比、井底蒸汽干度以及油藏压力对汽驱效果的影响。现将研究内容和结果介绍如下。

1. 研究方法和条件

研究方法：数值模拟法，用的是 SSI 研制的 Therm 模型。

油藏模型：上一节给的基础油藏模型。

操作条件：注 1PV 冷水当量的蒸汽，井口蒸汽干度 65%。

2. 主要操作参数对蒸汽驱效果的影响

1）注汽速率

结果如图 11 所示，由图看出，随着注汽速率的增加，汽驱采收率先是快速增加，当注汽速率增加到 2.5t/（d·ha·m）（纯油层）以后，注汽速率再增加，采收率基本不再增加。这一注汽速率相当于净总厚度比 0.60 油藏总油层厚度的 1.5t/（d·ha·m）的注入速率。

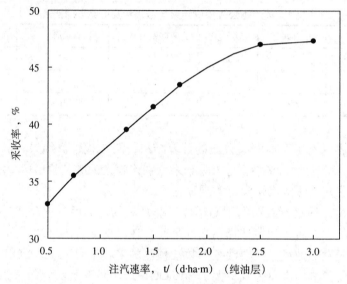

图 11　注汽速率对蒸汽驱开发效果的影响

笔者过去发表的文章，多用净油层厚度的注汽速率，但发现由于净油层厚度数据受人为因素的影响较大，往往会有较大的偏差。因此，建议读者在今后的动态分析和方案设计中改用总油层厚度的注汽速率。

2）采注比

计算结果如图 12 所示，由图可看出，当采注比小于 1.0 时，蒸汽驱采收率很低，而且对采注比不太敏感。实际上，在这种条件下，注入油藏的流体体积大于从油藏中采出的流体体积，因此油藏压力在不断上升，注入蒸汽的汽相被压缩而凝析成热水，此时油藏中的驱油过程实际变为热水驱；当采注比介于 1.0 ~ 1.2 之间时，汽驱采收率对采注比非常敏感，几乎是突变过程，这是从热水驱向蒸汽驱的过渡阶段。当采注比大于 1.2 之后，汽驱采收率达到较高值且对采注比又不太敏感了。因为这时从油藏中采出的流体体积大于注入的流体体积，油藏压力是下降的，因而能真正实现汽驱了。

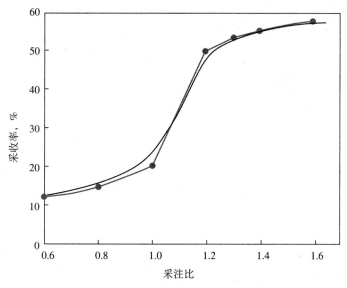

图 12　采注比对蒸汽驱开发效果的影响

3）注汽干度

计算结果如图 13 所示。由图可看出，注入蒸汽的干度越高，汽驱采收率越高，当蒸汽干度低于 40% 时，汽驱效果对蒸汽干度很敏感，随蒸汽干度的增加汽驱采收率快速上升，但当蒸汽干度大于 40% 以后，汽驱采收率对蒸汽干度就不太敏感了，随蒸汽干度的增加，采收率增加很少。

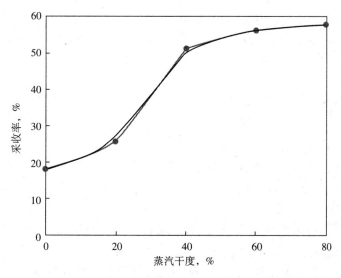

图 13　蒸汽干度对蒸汽驱开发效果的影响

4）油藏压力

计算结果如图 14 所示。由图看出，随着汽驱中油藏压力的增加，汽驱采收率急速下降。只有当油藏压力低于 5MPa 时汽驱才能取得一定的经济效益。汽驱中油藏压力越低汽驱效果越好。

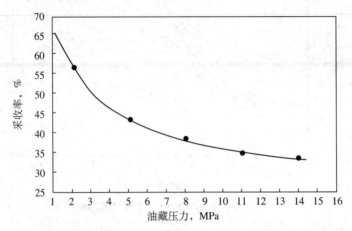

图 14　油藏压力对蒸汽驱开发效果的影响

3. 成功汽驱的必要操作条件

由上段操作条件对汽驱效果的影响可看出，每个操作条件对汽驱效果影响都很大，有些因素（如采注比、蒸汽干度）甚至会有突变，只有满足各因素的一定条件才能使汽驱效果达到油藏条件应有的汽驱效果。任何一个操作条件满足不了成功汽驱所要求的条件，都会导致汽驱的失败。根据以上研究结果得出：要使蒸汽驱达到油藏条件应有的汽驱效果，其汽驱操作条件必须同时满足以下 4 个条件：

注汽速率	≥ 1.5t/（d·ha·m）（总油层）
采注比	≥ 1.2
井底蒸汽干度	> 40%
油藏压力	< 5MPa

4. 汽驱的最佳操作条件

成功汽驱的必要操作条件已明确了汽驱必须满足的操作条件，但是否在满足必要条件的前提下，注汽速率、采注比和井底蒸汽干度越大越好？油藏压力越低越好？实际中也不是这样。

例如，注汽速率，当其大于 1.5 时，采收率并无明显增加，但如果要求其过大则会使井网过密，如一个总油层厚度 20m 的油藏，单井产液量为 60t/d，在五点井网下，当要求注入速率为 1.5 时，则井网密度应设计为 0.78ha/ 井，而当要求注入速率为 3.2 时，则井网密度应设计为 0.39ha/ 井。所以当注汽速率过大时会使经济效益变差，因而注汽速率在 1.5 ~ 1.6 之间为最佳。

同样，当要求采注比过大时也会使井网过密。另外实际中采注比也不可能太大，因为采注比过大时，油藏压力会快速下降，使油井产量降低，从而会自动稳定在采注比 1.2 的注采平衡左右。因此，采注比的实际范围在 1.2 ~ 1.3 之间。当汽驱初始油藏压力较高时（如 5 ~ 6MPa），要求采注比在 1.3 左右，反之 1.2 即可。

至于井底蒸汽干度也不是越高越好，因为当蒸汽干度大于 40% 以后，采收率增加并不明显，但高干度蒸汽要耗费更多的燃料。因此，对汽驱来说，最佳井底蒸汽干度应为 40% ~ 50%。

关于汽驱的油藏压力，从油藏压力对汽驱效果看，压力越低越好。但是，当要求油藏压力过低时，油井产液量会很低，在一定的井网条件下会使采注比达不到合理值，如果要达到合理采注比，就要加大井网密度。因此，考虑到即要取得尽可能好的汽驱效果，又要取得最好的经济效益，最佳的汽驱油藏压力应在 1 ~ 3MPa。

因此，汽驱的最佳操作条件应同时满足以下四条件：

注汽速率	1.5 ~ 1.6t/（d·ha·m）（总油层）
采注比	1.2 ~ 1.3
井底蒸汽干度	40% ~ 50%
油藏压力	1 ~ 3MPa

最佳汽驱方案设计

到此为止，我们已有了汽驱油藏选择方法，可以保证所选油藏适合汽驱，并且有了汽驱的最佳操作条件，只要汽驱在最佳操作条件下运行，就能使汽驱取得最好效果。但是如何设计汽驱方案，才能保证汽驱在最佳操作条件下运行呢？

从国外所实施的成功汽驱来看，它们都基本是在最佳汽驱或接近最佳汽驱操作条件下运行的，但从没有看到过他们是如何设计的有关资料，因而无从知道他们是如何设计的。国内汽驱试验和汽驱开发，到目前为止都是失败的，其原因就是实施中无法达到最佳汽驱操作条件。

为了设计出能满足最佳汽驱操作条件的汽驱方案，经长期思考，找到了能同时满足最佳汽驱四条件的设计思路和设计方法。

1. 最佳汽驱思路与方法

（1）在最佳汽驱四条件中，油藏压力是独立的，只要所选油藏压力处于最佳压力范围内，或虽略高，设计中选采注比 1.3 即可。因此设计中考虑如何能同时满足另外 3 个条件就可以了。

（2）首先确定汽驱过程中注入井和生产井的注入能力和产液能力。这可通过汽驱先导试验、试注试采或类似油藏经验取得。

（3）根据注入能力和产液能力的比例，确定所采用的井网形式。如果注采能力接近，可采用五点井网，如果注入能力接近产液能力的 2 倍，可采用七点井网；如果注入能力接近产液能力的 3 倍，则可采用九点井网，以充分发挥注采井的注产能力。

（4）根据前步确定的产液能力和井网形式，以及采注比的要求（1.2 ~ 1.3），确定单井注汽速度。例如，若单井产液能力为 50t/d，在设计的采注比 1.2 下，则五点井组的单井注汽速度为 42t/d，七点井组的为 85t/d，九点井组则为 125t/d。

（5）根据单井注汽速度、油层厚度（纯油层或总油层）和注汽速率的要求，确定井组面积，然后由井组面积和井网形式确定井距。

（6）最后，根据单井注汽速度以及目前蒸汽发生器和隔热技术条件，判断井底蒸汽干度是否能达到 40% 以上。如果能满足蒸汽干度的要求，则设计为合理的，否则为不合理。

从以上设计步骤看，在这一设计思路下设计的汽驱方案，不但能同时处于汽驱最佳 4 个操作条件，而且所设计的产能和注入能力取自油藏实际，实施中是完全能够实现的。

2. 最佳汽驱公式设计法

（1）根据以上设计思路与方法，赵洪岩又提出了一个更简便明了的公式设计法，即：

$$
\text{五点井组}:\begin{cases} d = 100\left(\dfrac{q_{\mathrm{L}}}{Q_{\mathrm{s}} \cdot H_{\mathrm{o}} \cdot R_{\mathrm{pi}}}\right)^{0.5} \\[4mm] q_{\mathrm{s}} = 10^{-4} Q_{\mathrm{s}} \cdot H_{\mathrm{o}} \cdot d^2 \end{cases}
$$

$$
\text{七点井组}:\begin{cases} d = 87.7\left[\dfrac{q_{\mathrm{L}}}{Q_{\mathrm{s}} \cdot H_{\mathrm{o}} \cdot R_{\mathrm{pi}}}\right]^{0.5} \\[4mm] q_{\mathrm{s}} = 2.6 \times 10^{-4} Q_{\mathrm{s}} \cdot H_{\mathrm{o}} \cdot d^2 \end{cases} \quad (3)
$$

$$
\text{九点井组}:\begin{cases} d = 86.6\left[\dfrac{q_{\mathrm{L}}}{Q_{\mathrm{s}} \cdot H_{\mathrm{o}} \cdot R_{\mathrm{pi}}}\right]^{0.5} \\[4mm] q_{\mathrm{s}} = 4 \times 10^{-4} Q_{\mathrm{s}} \cdot H_{\mathrm{o}} \cdot d^2 \end{cases}
$$

式中 d——井组中相邻生产井的井距，m；

$\quad\quad H_o$——井组油层平均总厚度，m；

$\quad\quad q_L$——平均单井产液量，t/d；

$\quad\quad q_s$——井组注汽速度，t/d；

$\quad\quad R_{pi}$——采注比，汽驱初始油藏压力较高时取 1.3，一般取 1.2；

$\quad\quad Q_s$——注汽速率，当净总厚度比大于 0.6 时取 1.6，当净总厚度比等于小于 0.6 时取 1.5，t/（d·ha·m）（总油层）。

（2）计算步骤：

首先确定单井产液量；然后将油层厚度、最佳注汽速率和采注比代入公式，计算出不同井网的井距和单井注汽速度；最后判断不同井网下的注汽速度在油层破裂压力以下能否注入，以及在该注汽速度下，井底蒸汽干度能否保证在 40% 以上。如果两个条件都能满足，则方案为合理方案，否则为不合理方案，不能采用。

如果该油藏有两个或两个以上合理方案，则采注井数比大的为最优方案。因为该方案与其他合理方案相比井网密度最小，投资最少；单井注汽速度最大，热损失少；井组中采油井多，能较快地达到设计的采注比，有利于汽驱的顺利发展。

（3）算例：

这里提出的最佳汽驱设计方法，其精度如何，不妨举国外成功汽驱的两个例子来加以验证。

例 1 美国克恩河米加汽驱试验。

该油藏条件埋深 300m，总油层厚度 25m，油藏温度下脱气油黏度 7000 mPa·s，克恩河其他汽驱试验及本区试验表明，油井在汽驱最佳油藏压力 3MPa 以下，产液量为 52t/d，现用本设计方法进行汽驱方案设计，结果如表 5 所示。

表 5　例 1 参数取值及计算结果

井网类型	参数取值			计算结果		判断结果
	Q_s t/（d·ha·m）	R_{pi}	q_L t/d	d m	q_s t/d	
五点	1.6	1.3	52	100	40	合理
七点	1.6	1.3	52	89	82	合理
九点	1.6	1.3	52	87	121	合理

根据井深和美国热采工艺判断，在单井注入速度 40t/d，井口蒸汽干度 80% 的条件下，足可保证井底蒸汽干度 40% 以上，米加实验区蒸汽吞吐生产已表明，40t/d 的注汽速度也没有问题，所以五点井网是合理的。这一结果也正是米加试

验所采用的井网形式和井距（井网密度 0.5ha/ 井）。与本方法设计的合理方案完全一致。

该试验 1969 年 9 月开始，1974 年 4 月当油汽比降到 0.1 时结束注汽，采收率达 56%。

但是，该油藏汽驱前的蒸汽吞吐生产表明，它具有很高的注入能力，每天可注入 200t。因此，七点和九点方案也是合理的，米加试验五点井网虽然合理成功，但不是最佳方案，按本设计方法，其最佳汽驱方案是 87m 井距的九点井网（井网密度 0.77ha/ 井）。最佳方案比现行方案可少打 1/3 的井。

例 2 印度尼西亚杜尔油藏的汽驱。

杜尔油藏的基本情况是埋深 200m，互层状油层，油层总厚度 35m，孔隙度 34%，渗透率 2.0D，地层油黏度 500mPa·s。一次采油采出程度 8%。据资料介绍，杜尔油藏单井产液量在 130t/d 以上。单井注汽速度可达 330t/d。

由于只知单井产液量大于 130t/d，但不知具体值，故我们按 130t/d 产液量进行设计，计算结果如表 6 所示。

表 6 例 2 参数取值和计算结果

井网类型	参数取值			计算结果		判断结果
	Q_s t/ (d·ha·m)	R_{pi}	q_L t/d	d m	q_s t/d	
五点	1.6	1.2	130	139	108	合理
七点	1.6	1.2	130	122	217	合理
九点	1.6	1.2	130	121	326	最佳

根据该油藏条件和先导试验结果，三种布井方式的注汽速度和井底蒸汽干度都能达到要求，所以三种布井方案都是合理的，其中九点井网最佳。

该油藏实施情况是，最初 4 个汽驱项目采用的是井距为 135m 的七点井网。实施中发现有些井组的产液量与设计注汽速度（312t/d）不相匹配，完不成 1.2 的采注比（实际上如果采用我们这里设计的 122m 井距的七点井网，其注汽速率为 217t/d 就不会出现这一问题了）。由于这一情况，他们对新区又重新进行了优化设计，采用了生产井距为 125m 的九点井网。汽驱预测其采收率可达 55%OOIP。

以上计算的最优方案与他们优化的方案非常接近，其差别是我们的最佳方案的井距为 121m，他们优化的井距为 125m。这一微小差别的原因，是由于我们不知产液量 130t/d 以上的具体值而设定为 130t/d。如果设定 135t/d 就会得到完全一致的结果了。

110

实施中影响汽驱成功的几个主要问题

蒸汽驱是一个系统工程，尽管有了好的汽驱油藏选择和方案设计方法，但仍不能保证汽驱一定能成功，因为实施中任何环节的不慎，都有可能造成汽驱失败。从目前的情况看，影响汽驱成功的几个主要问题如下：

（1）钻井完井造成的油层伤害，特别是已蒸汽吞吐生产多年，油藏已欠压或超欠压的情况下所造成的油层严重伤害，会使油井产能大大降低，产液量达不到设计水平，使汽驱过程中油藏压力不断上升，造成汽驱失败的后果。因此，对已欠压汽驱油藏的钻井完井，应采取必要的措施，防止油层伤害。

（2）蒸汽驱油井的抽空生产。由于汽驱要求一定要在低压油藏中进行。因此，要求汽驱中的油井一定要在抽空井筒状态下生产，否则油藏压力会上升，影响汽驱效果，严重时也会造成汽驱失败。目前我国的采油工艺因种种原因还做不到将油井井筒抽空生产，因此，采油工艺方面应加强这方面的研究和完善工作，以保证汽驱中油井的抽空生产。

（3）目前我国的蒸汽流量计量和等干度分配技术还不够完善，应努力研究和解决这一问题。

（4）油藏管理和监测工作还不够严格，一是有很大的任意性和人为性，二是取资料多而质量差。应努力改变这种状况，制定出科学的管理制度以及科学的监测工作。

参 考 文 献

[1] [美] K C 洪．蒸汽驱油藏管理 [M]．岳清山，文必用，等译．北京：石油工业出版社，1996.

[2] [美] H B 布雷德利．石油工程手册：上册．张柏年，等译．北京：石油工业出版社，1996.

[3] Favoug Ail and R F Meldau. Current Steem Flood Teehnology J P T 1979 (16) p1332−1342.

火驱采油综述

（2000 年 9 月）

火驱采油方法经过几十年的研究和发展，已成为行之有效的强化采油方法之一。但由于它的采油机理相对比较复杂以及发展过程中的特殊遭遇，人们对它的认识还存在不少误区。本文是笔者对火驱的多年观察所作的综述，以供大家参考。

火驱采油的优势

从理论上讲，火驱采油与其他强化采油相比，明显具有以下优势：

（1）火驱的注入剂是随处可得的、不需要任何成本的空气。

（2）火驱的驱油效率高，一般在 80% ~ 90%。事实上，室内燃烧管试验和油藏已烧部分油层的取心都证明，已燃部分基本为不含油的白砂。火驱实践表明，火驱确实能从已水驱过或已注蒸汽开发过的油藏中采出大量油。成功的火驱，其采收率一般能达 50% ~ 60%。

（3）对油藏具有较宽的适应性。它不但可用于进行过一次采油和二次采油的油藏，而且可用于经过三次采油的油藏。它不但适合于一般重油油藏和轻质油藏，而且对那些油层较薄或埋深较深，注蒸汽无法取得经济效益的重油油藏，火驱法更具明显优势。

（4）消耗能量相对较少。理论计算和油藏开发实践表明，同样规模油藏的火驱所消耗的能源，只是蒸汽驱所消耗能源的 1/5 ~ 1/4。从整个开发过程来看，甚至与注水开发所消耗能源差不多。

火驱采油的缺点

火驱与其他强化采油相比，明显有以下缺点：

（1）初期投资大。火驱采油的初期投资可能是各种开发方式中投资最大的一种。开发同样规模的一个油藏，火驱采油空气压缩机的投资约为蒸汽驱锅炉投资的 1.5 ~ 2 倍。由于火驱所注入的空气量要比气体混相驱所注入的气体量大得多，因此，火驱所需的压缩机容量也要比气体混相驱大得多。

（2）火驱机理比较复杂而且难以控制[1]。不同原油有不同的燃烧动力学特征，因此在对原油燃烧动力学不甚了解的情况下，很容易把火驱引入歧途。另外，即使对原油的燃烧动力学有所了解，也很难把燃烧模式控制在最佳燃烧模式上。

（3）注入和生产井所处环境比较恶劣，特别是在面积井网条件下。火驱过程中产生的酸性物质的腐蚀，气流携带砂粒的砂蚀，以及燃烧前沿的高温，对注入井和生产井都有很大的破坏作用。为了解决这些问题，可能需要花费大量资金，有的甚至被迫关井或中止火驱。

火驱失败的原因

据统计，在世界范围内进行的火驱项目中，失败项目约占一半[2]。在各种已证明有效的、大面积采用的强化采油技术中，火驱失败的比例确实是比较大的，其原因值得认真分析。从大量的报导资料看，笔者认为失败的原因主要有以下几个方面：

（1）油藏条件太差是造成大量火驱失败的重要原因。

因为火驱是油藏开发的一种最终开发方式，只要火驱过的油藏部分，基本没有剩余油，所以人们往往是在没有其他任何强化采油方法可用的情况下，才抱着最后再用火驱来试一把的想法而进行的火驱。可以预料，这些品位太差的油藏，火驱也不会取得好效果。例如，美国加州的许多横向连通性很差的透镜状油藏，在没有任何其他强化采油技术可用的情况下，进行了大量火驱项目，结果都以失败告终。因为这种油藏对任何驱替采油方法都是不适合的。又如美国中途日落油藏，水驱剩余油饱和度已不到30%。对这样的贫油藏，用任何强化采油方法经济上都不可能过关。因此，用火驱也只能取得"技术上可行，经济上无效益"的结果。

（2）由于对原油燃烧特性的不了解，设计和操作中没有采用适合原油特性的点火方式，也没有意识到采取和控制原油最佳燃烧模式，从而使许多火驱项目陷入低温氧化区而造成的失败。

（3）许多火驱项目采用的是传统的面积井网，而这种井网不太适合火驱，因为在这种井网条件下，油井一旦在某一方向的某一个层发生热突破，由于高温就很难维持油井再继续生产，而使火驱被迫中止。

（4）由于所用空气压缩机质量太差，频频发生故障也造成一些火驱项目的失败，特别是在火驱技术的应用早期。

火驱没有得到大规模应用的原因

至此，读者可能要问，既然火驱有那么多优势，为什么至今没有得到大规模应用呢？原因是多方面的，笔者认为主要有以下原因：

（1）火驱成败参半这一事实，让使用者望而生畏。

（2）机遇问题，一旦一种技术占领了市场，另一种技术就很难挤入，油藏开发更是如此。火驱和蒸汽驱技术，几乎是 20 世纪 50 年代同时开始大规模研究的，但由于蒸汽吞吐的偶然成功，许多油田便开始了大规模的注蒸汽开发。在这种条件下，对操作者来说，已不是蒸汽驱与火驱哪种开发方式更有效的问题了，而变成哪种方式更容易实现的问题了。这一形势不但影响了开展强化采油较早的美国，而且也影响了其他国家，中国就是受其影响的一例。中国受美国注蒸汽成功的影响，首先引入了注蒸汽技术，并且很快在已发现的所有稠油油藏几乎都开始了注蒸汽开发，而很少考虑哪些油藏更适合火驱的问题了。

（3）火驱是一种最终的油藏开发方式，这一特点也影响了人们应用火驱的决心。一个油藏一旦进行了成功的火驱，油藏中剩余油就很少了，作为一个油藏就永远不存在了。所以，人们在用其他开发方式仍有赢利的条件下，一般不愿采用火驱。

今后实施火驱应注意的几点

经过几十年的火驱研究和实践，至今已具备了发挥火驱优势，克服或抑制火驱劣势的能力。只要我们加强研究，充分借鉴以往火驱的经验教训，就能提高火驱成功率并发挥其高效性能。

根据以往火驱的经验教训，在今后的火驱中要特别注意以下几点：

（1）作好火驱油藏的选择。

大量的火驱经验告诉我们，火驱失败的原因之一是火驱油藏选择不当造成的。因此，在今后的火驱油藏选择上应更加慎重。关于如何选择火驱油藏，已有大量筛选标准 [2]，切不可违背这些基本原则。

（2）在设计上，既要注意压缩机容量和注入井注入能力与最大火驱燃烧前沿面积处所需空气量的匹配，又要注意注空气速度与产液速度之间的匹配，以确保既能为燃烧前沿提供所需的通风强度，又能使油井正常生产。

（3）在井网设计上，应尽量采用行列井网，由构造高部位逐排向构造低部位推进，避免采用面积井网。

（4）应根据原油燃烧动力学特征选择点火方式，对稠油来说，应该用高温燃烧方式点火，以直接进入高温燃烧状态，避免陷入负温度区。

（5）采用湿烧或超湿烧，以降低空气油比，使之更具经济效益。

（6）对黏度较高（地层油黏度大于 2000mPa·s）的油藏，采用火驱加蒸汽吞吐引效的联合开发方式，可取得较好的开发效果，加拿大在这方面有很多成功的经验。

（7）对黏度较小（地层油黏度小于 1000mPa·s）的块状油藏，可采用火驱辅助重力泄油开发方式。这是一种值得注意的火驱新技术。

（8）加强监测和调控，即要把燃烧控制在最佳状态，又要及时调整各注入井的注入速度和各生产井的产液速度，使燃烧前沿均匀推进。

结　　论

笔者深信，火驱是一种高效的采油方法，只要充分发挥其优势，避开过去火驱中的失误，就能大大提高其成功率和效果。随着火驱技术的发展，它将成为 21 世纪的最重要的强化采油技术之一。

参 考 文 献

[1] M 帕拉茨．热力采油 [M]．王弥康，等译．北京：石油工业出版社，1989.

[2] 王弥康，等．火烧油层热力采油 [M]．山东东营：石油大学出版社，1998.

我国"八五"期间蒸汽驱试验的评价

(2000 年 11 月)

蒸汽驱技术是开发稠油油藏的一种最有效、应用最广泛的技术之一。我国在20 世纪 80 年代末和 90 年代初，先后开展了 10 个蒸汽驱先导试验，其试验结果都不够理想。对试验结果也是众说纷纭，有的说所有试验基本上都是失败的，有的说有的是成功的，如九$_{1-1}$曙 175 的试验。对试验失败的原因有的说我国油藏非均质性严重，不适合汽驱，有的说设计不合理，有的说现场不按设计方案操作。

到底试验是失败的还是成功的，失败的原因是油藏因素还是人为因素，在人为因素中是设计问题还是操作问题。搞清这些问题，从而提供经验教训，对我国稠油蒸汽驱技术的应用会有重大意义。因此，有必要对我国"八五"期间的蒸汽驱先导试验做一全面的评价。

评 价 标 准

为了对试验做到实事求是的客观评价，必须首先要明确做哪些评价及这些评价中的评价标准。我们认为首先要对各个试验的成败做出评价，其次是对试验的油藏是否适合汽驱做出评价，再其次是对汽驱的操作条件是否符合汽驱的必要条件做出评价，最后是对造成不符合汽驱必要条件的原因，是设计问题还是现场操作问题做出评价。为作这些评价我们建立了 3 个标准：

1. 成败评价标准

我们知道，对汽驱成败的评价，不同的评价标准会有不同的结果。例如，一个油藏非常适合汽驱，它的汽驱采收率可达 65%，而实际汽驱采收率 45%，尽管该油藏的汽驱没有达到成功汽驱的开发效果，但是赢利的。又如一个油藏不太适合汽驱，完全实现汽驱时的汽驱采收率只有 35%，虽然汽驱达到了这一指标，但经济上是亏损的。如果我们从经济角度来评价，第一个油藏的汽驱是成功的，第二个油藏的汽驱是失败的；如果我们从技术角度来评价，则第一个油藏的汽驱是失败的，第二个油藏的汽驱是成功的。

我们今天的评价是要从技术的角度来评价我们的汽驱试验是成功的还是失败的。因此，我们评价试验成败的标准是：汽驱试验的采收率是否达到或接近该油

116

藏真正实现汽驱时应有的采收率值。

能够承担这一任务的，目前最好的方法是预测油藏汽驱采收率的油藏参数公式 [1]：

$$E_R = 8.97 + 2.82h_o - 0.044h_o^2 + 3.59 \lg \mu_o - 1.41 \lg^2 \mu_o$$
$$+ 62.06S_{oi} + 5.56V_p - 39.5V_p^2 - 131.4 \lg^2 h_r - 0.026D$$

式中　E_R——汽驱采收率，%；

　　　h_o——油层净厚度，m；

　　　h_r——油层净总厚度比；

　　　μ_o——油藏温度下脱气油黏度，mPa·s；

　　　V_p——渗透率变异系数；

　　　S_{oi}——油藏原始含油饱和度；

　　　D——油层深度，m。

如果实施结果与公式计算结果相近（相差 5 个百分点之内），就定为是成功的，如果结果相差很大，就定为失败的。

2. 成功汽驱的油藏筛选标准

关于什么样的油藏适合汽驱，前人已做过大量工作，并提出了许多筛选标准，这里我们综合前人的工作，在比较严格的基础上提出如下一个筛选标准（表1），以保证只要实施汽驱油藏条件符合本标准，汽驱失败就不会是油藏问题了。

表 1　蒸汽驱油藏筛选标准

油层埋深，m	< 1400
油层净厚度，m	≥ 8
净总厚度比	> 0.5
平均孔隙度，%	> 20
平均渗透率，mD	> 200
初始含油饱和度，%	≥ 0.50
油藏温度下脱气油黏度，mPa·s	< 20000
Kh_o/μ，$\dfrac{\text{mD·m}}{\text{mPa·s}}$	> 1.0
其他：渗透率变异系数小于 0.7，水体小于 5 倍油藏体积，地层倾角小于 20°	

3. 成功汽驱的操作标准

根据大量汽驱实践以及我们的研究结果，目前已被大家公认的，真正能实现汽驱的操作条件是必须同时满足以下 4 个条件 [1]：

117

注汽速率	≥ 1.5m³/ (d · ha · m)（总油层）
采注比	≥ 1.2
井底蒸汽干度	> 40%
油藏压力	< 3MPa

如果蒸汽驱不能同时满足这 4 项操作条件，只要有一项操作条件远没有达到所要求的条件，汽驱一定会是失败的。

汽驱成败的评价

为了给油藏参数预测公式及油藏筛选标准提供汽驱油藏的基本参数，我们收集并整理了我国 20 世纪 80 年代末，90 年代初进行的 7 个汽驱试验油藏的油藏参数，并列入表 2（另外 3 个因各种原因试验很快被中止）。

表 2　各试验油藏的油藏基本参数

试验油藏名称	九$_{1-1}$	九$_{1-2}$	九$_3$	九$_6$	高$_{3-4}$	曙175	杜163
油层埋深，m	185	185	240	190	1600	1000	1000
纯油层厚度，m	15	12.7	7.8	10	62	34	17.4
净总厚度比	0.65	0.62	0.5	0.6	0.7	0.55	0.60
孔隙度，%	32.7	34.0	32.0	32.0	18.5	25.5	27
渗透率，mD	4200	6200	3000	2400	2300	1500	800
原始含油饱和度，%	75	75	65	75	80	70	70
汽驱初始含油饱和度，%	62	52	54	63	65	58	58
油层温度下脱气油黏度，mPa·s	2300	2600	5500	21000	2300	10000	2200
渗透率变异系数	0.65	0.65	0.60	0.60	0.60	0.65	0.60
Kh_o/μ_o	27.4	30.3	4.3	1.1	62.0	5.1	6.3
其他	—	—	—	—	—	边水活跃	—

将各油藏参数代入前述的油藏参数公式，预测得到各油藏的汽驱采收率，由后面"汽驱试验操作条件的评价"一节得到各油藏汽驱试验的实际采收率列于表 3。由表 3 结果看出，实际汽驱效果距预测效果都相差很大，所以汽驱试验都是失败的。

118

表 3　各试验的汽驱预测采收率与实际采收率表

试验油藏名称	九$_{1-1}$	九$_{1-2}$	九$_3$	九$_6$	高$_{3-4}$	曙 175	杜 163
预测采收率，%	65	68	48	50	35	47	52
试验采收率，%	34	43	24	40	23	37	33

汽驱油藏选择评价

汽驱试验油藏是否适合蒸汽驱，这是蒸汽驱能否取得较好结果的关键因素。用汽驱试验油藏的基本参数，对照我们所确定的选择标准可看出，除高$_{3-4}$油藏埋深超过选择标准，在当时的技术条件下，不适合蒸汽驱之外，其他 6 个油藏都能通过筛选标准，即 6 个试验油藏都适合汽驱，这说明，除了高$_{3-4}$油藏外，汽驱失败都不是油藏原因。

汽驱试验操作条件的评价

1. 九$_{1-1}$汽驱试验

1）试验基本情况

（1）汽驱前的开发情况：

试验区 1985 年 2 月蒸汽吞吐投产，至 1987 年 6 月转汽驱前吞吐生产 2.3 年，共注汽 $4.76 \times 10^4 t$，产油 $6.43 \times 10^4 t$，阶段采出程度 27%，阶段累计油汽比 1.36。

（2）汽驱方案设计：

汽驱方案设计 3 个 100m 井距的七点井组，注汽速度 60t/d，井底蒸汽干度 50%，采收率 25%，油汽比 0.26。

（3）实施情况：

1987 年 7 月开始汽驱，到 1994 年 12 月，汽驱 7.3 年，共注汽 $33.5 \times 10^4 t$，产液 $30.3 \times 10^4 t$，产油 $6.2 \times 10^4 t$，采注比 0.9，汽驱阶段油汽比 0.19，采出程度 26%。

在汽驱过程中：从开始汽驱 1987 年 7 月到 1992 年 6 月的 5 年时间内，基本按方案设计注汽，平均单井注汽 59.4t/d，平均单井产液 24.2t/d，采注比 0.8，由于注入多采出少，油藏压力上升，生产效果差，后两年改为间歇注汽。

2）情况分析

（1）从蒸汽吞吐情况看，在 100m 井距下吞吐生产 2.3 年，累计油汽比 1.36

的情况下，采出程度绝达不到 27%，这是储量被大大低估造成的，估计可能低估了 35% 左右。

在这样大的油藏描述偏差下，即使方案设计对所给油藏描述完全合理，也会因实际注入速率过低而使汽驱失败。

(2) 按油藏实际储量考虑，该试验区蒸汽吞吐阶段采出程度大约为 17.5%，汽驱阶段大约为 17%.

(3) 从汽驱前段的生产动态看，采注比只有 0.8，远远低于汽驱合理的采注比 1.2，这是方案设计不合理造成的。

3）结论

(1) 该试验区油藏特征描述偏差太大，是造成注汽速率偏低，使汽驱失败的原因之一。

(2) 方案设计完不成合理的采注比是造成汽驱失败的另一原因。

2. 九$_{1-2}$ 汽驱试验

1）试验基本情况

(1) 汽驱前开发情况：

该试验区 1985 年 11 月投入蒸汽吞吐开发，到 1990 年 5 月转汽驱时，吞吐生产了 4.5 年，共注汽 9.3×10^4t，产油 5.0×10^4t，阶段采出程度 42%，阶段油汽比 0.54。

(2) 方案设计：

汽驱方案设计为四个 50m 井距的九点井组。从方案中查不到设计注汽速度、蒸汽干度、采注比及效果预测数据。

(3) 实施情况：

从 1990 年 6 月开始转汽驱，至 1994 年 12 月汽驱 4.5 年，共注汽 18×10^4t，采液 17.1×10^4t，产油 2.1×10^4t，汽驱采注比 0.95，油汽比 0.12，采出程度 17.8%。

试验实施情况大致可分两个阶段：第一阶段从 1990 年 6 月至 1993 年 3 月为连续注汽阶段，该阶段共注汽 13.3×10^4t，产液 11×10^4t，产油 1.5×10^4t，阶段采注比 0.83，阶段油汽比 0.11，阶段单井注汽速度 33t/d，阶段采出程度 12.5%；第二阶段从 1993 年 4 月到 1994 年 12 月为间歇注汽阶段，该阶段注汽 4.7×10^4t，产液 6.1×10^4t，产油 0.64×10^4t，阶段采注比 1.3，阶段油汽比 0.14，阶段单井平均注汽速度为 18.6t/d，阶段采出程度 5.3%。

2）情况分析

(1) 从蒸汽吞吐看，即使 50m 井距条件下，蒸汽吞吐采出程度也达不到 42%，估计储量被低估了 30%。按这一估计，吞吐实际采出程度为 30%，汽驱采出程度 13%。

（2）在 50m 井距的九点井组条件下，汽驱采注比仍只有 0.83，这可能是汽驱操作中没有达到强排条件造成的。

（3）汽驱中实际注汽速度平均只有 33t/d，这样的注汽速度井底蒸汽干度将会很低，不可能达到井底蒸汽干度 40% 以上的汽驱要求。

3）结论

（1）该试验区的储量与九$_{1-1}$试验区一样，也被大大低估。

（2）可能是具体举升问题，使采注比没有达到合理值。

（3）注汽速度过低，井底干度达不到 40%，这些问题是造成失败的主要原因。

3. 九$_3$区汽驱试验

1）试验基本情况

（1）汽驱前的开发情况：

该试验区 1987 年 1 月投入蒸汽吞吐开发，到 1989 年 2 月，蒸汽吞吐生产 2 年，共注汽 13.7×10^4t，产油 5.44×10^4t，采出程度 23.2%，累计油汽比 0.40。

（2）方案设计：

试验方案设计 9 个注采井距 100m 的五点井组，单井注汽速度 48t/d，井底干度 60%，采注比 1.15，预计汽驱采收率 18.3%，阶段油汽比 0.23。

（3）实施情况：

汽驱 4 年，共注汽 33.8×10^4t，采液 21.1×10^4t，产油 2.57×10^4t，汽驱采注比 0.62，油汽比 0.08，采出程度 11.2%。

试验进程大致可分为两个阶段：第一阶段从 1990 年 1 月到 1993 年止，为连续注汽阶段，共注汽 28.2×10^4t，采液 17.1×10^4t，阶段采注比 0.61，该阶段单井注汽速率 26.4t/d，第二阶段，从 1993 年 4 月至 1994 年 12 月结束，为间歇注汽阶段，该阶段平均单井注汽速度 10.3t/d。

2）情况分析

（1）从该试验区蒸汽吞吐开发动态看，在 100m 井距下吞吐生产 2 年，采出程度绝达不到 23.2%，这又是储量被大大低估造成的。从这一动态看，储量可能被低估 30%。按这一估计，吞吐采出程度应为 16%，汽驱采出程度为 8%。

（2）方案设计单井注汽速度 48t/d，采注比 1.15，即设计单井产液速度为 55.2t/d，根据九区油井注汽开发中的产能，这一设计产液量是达不到的。实际实施中的结果是，在单井平均注汽速度只有 26.4t/d 的情况下，单井平均产液速度只有 16t/d。

（3）设计要求井底蒸汽干度 60%，这一要求是不符合实际的。在当时，即使现在的技术条件，在注汽速度 48t/d 条件下井底蒸汽干度也达不到 60%。

（4）由于方案设计不合理，注汽多，采出少，因此把注汽速度降到平均 26.4

t/d，在这样的注汽速度下，很难说井底蒸汽还有干度。故整个汽驱过程实际为热水驱过程。

3）结论

（1）该试验区储量被大大低估。

（2）注采井距100m的五点井组设计不合理是造成该试验失败的主要原因。

4. 九$_6$区汽驱试验

1）试验基本情况

（1）汽驱前的开发情况：

试验区1989年4月投入蒸汽吞吐开发，到1990年10月，蒸汽吞吐生产1.5年，共注汽6.9×10^4t，产油2.0×10^4t，采出程度23.5%，油汽比0.30。

（2）方案设计：

试验方案设计，9个注采井距50m的五点井组，设计单井注汽速度25t/d，采注比1.1，汽驱采出程度40.7%，油汽比0.18。

（3）实施情况：

1990年11月转汽驱，至1994年12月，汽驱4年，共注汽25.6×10^4t，采液30.5×10^4t，产油2.9×10^4t，采注比1.2，油汽比0.11，汽驱采出程度34%。

2）情况分析

（1）像九$_6$区这样高黏度的（$> 2 \times 10^4$mPa·s）稠油，即使在50m井距下，蒸汽吞吐1.5年，采出程度也不会达到23.5%，其储量也是被大大低估了。估计约低估30%。以此储量估计，吞吐采出程度实际为16%，汽驱采出程度实际为24%。

（2）方案设计单井注汽速度为25t/d，在这一注汽速度下，井底蒸汽干度绝达不到40%，很可能已没有干度。所以，设计不合理。

3）结论

（1）该试验区储量被大大低估。

（2）在设计注汽速度下，井底蒸汽干度达不到40%，很可能没有干度，这是汽驱失败的主要原因。

5. 高$_{3-4}$汽驱试验

1）试验基本情况

（1）汽驱前的开发情况：

试验区1978年以衰竭式开发投产，至1987年10年采油30×10^4t，采出程度12.5%。1987年中转为蒸汽吞吐开发，至1992年5月，4年吞吐共产油21.2×10^4t，采出程度8.7%，汽驱前采出程度已达21.2%。

（2）方案设计：

汽驱方案设计为4个注采井距150m的五点井组，设计单井注汽速度160t/d，

122

井底蒸汽干度 60%，采注比 1.25，汽驱采出程度 21.6%，油汽比 0.22。

（3）实施情况：

1992 年 6 月转汽驱，至 1994 年 7 月，汽驱 2.2 年，共注汽 41.6×10⁴t，采液 16.4×10⁴t，，产油 3.6×10⁴t，采注比 0.4，油汽比 0.09，汽驱采出程度 1.5%。

2）情况分析

（1）在汽驱油藏筛选中已判定，在当时技术条件下高 $_{3-4}$ 油藏属不适合汽驱的油藏，在这样的油藏中进行汽驱肯定是会失败的。

（2）按方案设计的注汽速度，它的注汽速率只有 0.6m³/（d·ha·m）（净油层），在这样低的注汽速率下是实现不了汽驱的。

（3）按方案设计单井注汽速度 160t/d，采注比为 1.25，那么在五点井组下，要求单井产液量达 200t/d，高 $_{3-4}$ 油藏的油井没有这么大的产能。因此，实施中实际采注比只有 0.4。

（4）设计井底干度 60%，对 1600m 的深井，这也是空想指标，实际中是达不到的。

（5）高 $_{3-4}$ 的储量描述是否真实，从生产动态上无法判断，但从储量计算中含油饱和度取 65% 看，有低估的可能，像高 $_{3-4}$ 这种高孔渗疏松砂岩，高油柱稠油油藏，其含油饱和度很可能在 80% 以上。

3）结论

（1）在当时条件下，高 $_{3-4}$ 属不适合汽驱的油藏，失败是预料之中的事。

（2）方案设计极不合理，注汽速率过低，只有 0.6，对油井产能估计过高，采注比只有 0.4，在这样的设计下，即使高 $_{3-4}$ 是一个浅油藏汽驱也会失败。

6. 曙 175 汽驱试验

1）试验基本情况

（1）汽驱前的开发情况：

该油藏 1984 年全面投入蒸汽吞吐开发，从 1990 年到 1993 年逐步转汽驱 11 个井组，而外围井仍吞吐生产。

在吞吐阶段（约 8 年），注汽 30×10⁴t，产油 51×10⁴t，采出程度 17%，油汽比 1.7。

（2）汽驱方案设计：

方案设计为 11 个注采井距平均约为 100m 的五点井组，设计单井注汽速度 120t/d，井底蒸汽干度 50%，采注比 1.27，油汽比 0.25，汽驱采出程度 22%。

（3）实施情况：

从 1990 年 1 月到 1999 年 9 月，汽驱 9.4 年，共注汽 216×10⁴t，采液 212×10⁴t，产油 60.4×10⁴t，汽驱采注比 0.98，油汽比 0.28，汽驱采出程度 20%。

汽驱过程大致可分为两个阶段：第一阶段从 1990 年 1 月到 1994 年 7 月，为连续注汽阶段，平均单井注汽速度 80t/d，平均单井产液速度 70t/d；第二阶段从 1994 年 8 月到 1999 年 9 月为间歇注汽阶段，该阶段平均单井注汽速度 50t/d，平均单井产液速度 56t/d。

2）情况分析

按方案设计，单井注汽速度 120t/d，采注比 1.27，那么在五点井组条件下，要求单井产液要达到 152t/d，这是不切实际的要求。实际生产中远远没有达到这一要求，实际产液速度只有 70t/d，使油藏压力大幅上升，据说曾达到 7MPa。

为了改善注多采少的这一不利状态，很快采取了降低注汽速度的措施，将注汽速度降到 80t/d，这不但使注汽速率降到 1.2m³/（d·ha·m）（净油层）这一不合理值，而且使井底干度也会远远低于 40%。

3）结论

曙 175 汽驱的失败，主要是由于注采井距 100m 五点井组的设计不合理造成的。在这一设计下，不可能达到汽驱合理的采注比。降低注汽速度的措施使汽驱条件更为恶化。

7. 杜 163 汽驱试验

1）试验基本情况

（1）汽驱前的开发情况：

试验区 1986 年投入蒸汽吞吐开发，至 1991 年 9 月转汽驱前，在 100m 井距条件下，平均单井吞吐 3 周期，共注汽 4.4×10^4t，产油 5.22×10^4t，采出程度 21.4%，油汽比 1.2。

（2）汽驱方案设计：

试验设计为 4 个注采井距 100m 的五点井组，单井注汽速度 120t/d，井底蒸汽干度 60%，注采比 1.3，汽驱采出程度为 21.5%，油汽比为 0.22。

（3）实施情况：

1991 年 9 月转汽驱，至 1997 年 9 月，汽驱 6 年，共注汽 57.6×10^4t，采液 45.5×10^4t，产油 10.5×10^4t，汽驱采注比 0.79，油汽比 0.18，汽驱采出程度 43%。平均单井实际注汽速度 66t/d，平均单井实际产液量 52t/d。

2）情况分析

从蒸汽吞吐开采情况看，该试验区的原始储量被大大低估，在 100m 井距下，吞吐 3 个周期，采出程度达 21.4%，这是不可能的。从汽驱条件看，远不符合汽驱条件，但采出程度达 43%，这也是不可能的。综合这些情况考虑，试验区的储量可能被低估了 50%。按可能的实际储量计算，蒸汽吞吐的采出程度为 11%，汽驱采出程度为 22%。

124

这又是一个对油井产能估计不切实际而造成汽驱失败的实例。按方案设计，单井注汽速度 120t/d，采注比 1.3，这就要求单井产液量 156t/d，而实际单井平均只有 52t/d。

在实际注汽速度 66t/d 条件下，实际净油层的注入速率只有 0.97，井底蒸汽干度也会很低，估计不会超过 20%。这些指标远低于成功汽驱条件。

3）结论

（1）杜 163 的储量被严重低估。

（2）杜 163 汽驱失败的主要原因是方案设计不合理，对油井产能估计严重偏高，其次是为改变设计不合理性，降低注汽速度这一不当措施，使汽驱试验彻底走向失败。

评 价 结 果

前面已将 7 个汽驱试验经过成败评价、筛选评价和操作条件评价（设计的和实施的）。为了便于了解评价结果，现将评价结果汇总于表 4 中。

表 4　评价结果汇总表

油藏名称	成败评价	筛选评价	操作条件评价	
			设计	实施
九 $_{1-1}$	失败	适合	××	
九 $_{1-2}$	失败	适合		××
九 $_3$	失败	适合	××	
九 $_6$	失败	适合	×	×
高 $_{3-4}$	失败	不适合	（××）	
曙 175	失败	适合	××	
杜 163	失败	适合	××	

注：××—造成失败的主要原因；×—造成失败的原因之一。

由汇总结果看：

从汽驱成败评价可看到，7 个汽驱试验都是失败的。

从汽驱油藏筛选标准评价可看出，只有高 $_{3-4}$ 在当时技术条件下不适合汽驱，其他油藏条件都适合汽驱。

从操作条件评价结果可看出，7 个汽驱试验油藏中，试验失败的主要原因是方案设计不合理，只有一个主要是实施原因造成的。这说明，"八五"期间汽驱失败的主要原因是方案设计不合理。

在评价中发现，我们的稠油油藏的储量大都被大大低估了，这一情况造成的后果，不但使我们对开发效果造成错误的评价，而且对正确进行开发方式的选择和方案设计也会有很大影响。对此尽管笔者曾多次呼吁重视这一问题，但至今都没有引起足够的重视，笔者借此机会再一次呼吁大家要特别重视这一问题，在研究油藏开发问题时，要对油藏储量做认真细致的分析。

参 考 文 献

[1] 岳清山，等．稠油油藏注蒸汽采油技术 [M]．北京：石油工业出版社，1998.

齐40莲Ⅱ油藏蒸汽驱先导试验

（1997—2003 年）

齐40莲Ⅱ油藏蒸汽驱先导试验经过蒸汽驱油藏选择、油藏工程研究、方案设计以及跟踪分析，取得了成功，其中有经验，更有许多教训，这里简要介绍给大家，以便在今后工作中参考。

齐40莲Ⅱ油藏基本特征描述

1. **油藏基本特征**

1）位置及主要油层

齐40油田是我国辽河油区的一个重要生产区块，在地理位置上位于辽宁盘锦县，在构造上位于辽河断陷西斜坡的南部。它的主要开采目的层为沙三下莲花油层。莲花油层分为莲Ⅰ和莲Ⅱ两个油层组。其中莲Ⅱ是本次蒸汽驱先导试验的目的层，该层含油面积 2.16km²，地质储量 827×10^4t。

2）构造

齐40莲Ⅱ油藏总体上看为四周被断层封闭，由西北向东南倾斜的单斜构造，西北部较陡，东南部较缓，倾角 6° ～ 15°，其构造形态如图1所示。

3）沉积特征

齐40块莲花油层沉积时处于湖滨浅水环境，属于以河流作用为主，兼有重力和波浪改造作用的扇三角洲前缘沉积，进一步可划分为水下分流河道、分流河口沙坝、分流间、前缘薄层砂微相及前三角洲亚相。试验井组处主要为扇三角洲前缘相的分流河口沙坝、水下分流河道微相。

4）储层岩性

储层岩性较细，主要以中—细砂岩、不等粒砂岩、含砾砂岩、细砂岩和粉细砂岩组成。平均粒度中值 0.186mm，分选系数 1.83，磨圆度为次圆一次尖，黏土矿物含量 6.04%。储层岩石固结程度差，疏松。胶结类型为孔隙式胶结，少量为基底式胶结。

5）储层物性

储层物性较好，平均孔隙度23%，平均渗透率1.35D。平面上非均质性变化

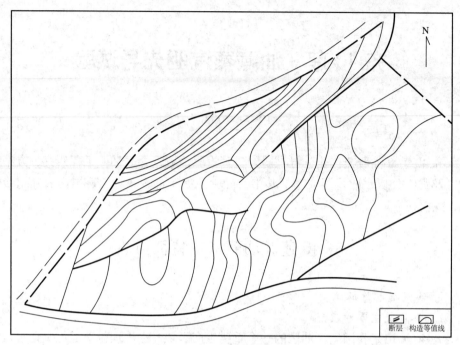

图 1　齐 40 块莲花油层构造图

较大，在 7-25、8-26、9-27 井一线以北地区非均质性较强，变异系数在 0.7 ～ 0.9 之间，该线以南地区非均质性较弱，变异系数小于 0.5，纵向上各砂岩组之间非均质性变化不大，平均变异系数为 0.68。

6）储层发育情况

根据沉积旋回特点，油层对比标志以及隔夹层分布，莲 II 油组划分为 4 个砂岩组 6 个小层，其中莲 II_1、莲 II_2 各分 3 个小层。莲 II_3 和莲 II_4 多为泥岩和水层，因而未作小层划分。平面上 7-25、7-27 井以西油层较厚，一般 35 ～ 40m，以东厚度减薄，一般小于 30m。油水界面深度 -1030 ～ -1050m。

莲 II 油组在试验区较为发育，平均含油井段 68.3m，平均单井有效厚度 27.7m，净总厚度比 0.53，属中 - 厚互层状油藏，油层埋深 910 ～ 1050m。

7）隔夹层发育情况

莲 II 层的顶层为莲 I 和莲 II 的隔层，以灰绿色泥岩为主，最大厚度 6.8m，最小 0.5m，平均 3m，能起密封作用。

油组内夹层频率 15.3%，夹层密度 43.6%，纵向上自下而上夹层数增多，夹层厚度减薄。

8）流体性质

莲 II 油组原油平均密度 $0.9705g/cm^3$，50℃下脱气油黏度 3130mPa·s，凝固点 4.1℃，含蜡 5.6%，胶质 + 沥青质含量 32.9%。

9）油藏温度和压力

测试结果，莲 II 油藏温度 38℃，油层中部压力 9.5MPa。

10）储量

莲 II 油藏储量是用容积法计算的，为 827×10⁴t。计算中所用油藏参数，含油面积 2.16km²，油层厚度 27.7m，孔隙度 22%，原始含油饱和度 65%，气油密度 0.9705g/cm³，体积系数 1.050。

2. 开发历程和状况

1）开发历程

齐 40 块莲花油层发现于 1981 年，发现井为齐 40 井，而后又在齐 45、齐 48、齐 49 和齐 51 井见到莲花油层，并获得工业油流。

在分析 5 口探井资料的基础上，于 1987 年底编制了初步开发方案。方案设计采用 200m 井距的正方形井网、蒸汽吞吐开采。

1988 年 8 月，在此基础上，又完钻 75 口井，形成 141m 井距的正方形井网，从而全面进入了蒸汽吞吐开发阶段。

1990 年底编制了《齐 40 块开发方案》。方案确定莲 I、莲 II 分两套层系同井场布井。明确提出先蒸汽吞吐开采，到一定时机转为蒸汽驱。方案共部署开发井 241 口，建成产能 70×10⁴t/a。

1991 年 6 月又编制了扩边部署，在西部地区部署了 44 口井（包括 4 口观察井），东部地区部署了 14 口井（包括 2 口观察井）。

1994 年 7 月在本块中部地区又进行了加密，构成 100m 井距的正方形井网，共打加密井 31 口。

1995 年 12 月，为了转入蒸汽驱开发，以 100m 井距区转了 4 个九点井组进行汽驱试验。但由于效果不好，很快被停止。

2）开发状况

莲 II 油藏的蒸汽吞吐非常成功，前 5 个周期的油汽比都在 1 以上，最高达 1.9。到 1997 年 6 月，莲 II 油藏共钻井 133 口，累计注汽 377.7×10⁴t，共吞吐 1222 井次，平均单井吞吐 9.2 次，回采水率 56.1%，采注比 1.29，采出程度 33%。

1997 年 6 月，91 口井生产，日产油 428t/d，平均单井日产油 4.7t/d，周期油汽比已降到 0.3，接近经济极限油汽比。

油藏工程分析

根据油藏基本特征描述及一些基础资料，我们做出以下几方面的分析：

1. 所给储量可能大大偏低

根据蒸汽吞吐开采经验，在 140m 井距下，蒸汽吞吐采收率一般只有 15% ～ 20%，绝达不到 33%。这说明所给储量大大偏低。造成所给储量偏低的原因可能是孔隙度偏小、含油饱和度偏低或油层厚度偏低。到底是什么原因，还要做具体分析：

(1) 所给孔隙度偏小。

油藏特征描述中所给油层孔隙度 0.23，是电测解释结果，但岩心分析结果是 0.30。根据渤海湾地区沙三下沉积层的经验，岩心分析数据更符合一般情况，因此，齐 40 莲 II 油层的孔隙度应改为 0.30。

(2) 所给原始含油饱和度偏低。

根据经验，像莲 II 这样的疏松砂岩稠油油藏，其原始含油饱和度一般都在 80% 以上 [1]。据岩心观察，岩心含油非常饱满；岩心驱替试验，在 60℃ 下饱和油其饱和度都达 80% 以上；这些都说明储量计算中所给原始含油饱和度 65% 偏低，我们初步定为 75%。

(3) 油层厚度。

油藏基本特征描述中，给的净总厚度比为 0.53，这就是说隔夹层厚度占总油层厚度的 47%，但岩心观察看，油层中并没有多少真正意义上的非渗透的泥页岩夹层，有的只是一些物性较差含油饱和度略低的粉细砂岩油层。看来，油层划分过于严格，把差油层划入了隔夹层，纯油层厚度偏薄是肯定的。但是如进一步搞清这一问题，不但大大超出了本课题的工作范围，而且也不是一时可以解决的。因此，决定在本次研究中暂时对油层厚度不做修改，但这一问题在今后应给予解决。

经以上修改，齐 40 莲 II 油组的原始储量是 1240×10^4t。根据这一储量，1997 年 6 月底的吞吐采出程度为 22%。尽管这一采出程度仍有些偏高，说明修改后的储量仍有些偏低（因油层厚度没有修改），但基本可以接受了。

2. 油井产液能力估计

根据蒸汽吞吐阶段的统计，蒸汽吞吐第一周期和最后一个周期，第一个月的产液量分别为 51t/d 和 26t/d，其对应的生产压差分别为 1.5MPa 和 0.8MPa。那么，第一周期和最后一个周期的产液指数分别为 34t/（MPa·d）和 32.5t/（MPa·d），这说明，蒸汽吞吐阶段，油井产液指数基本未变，为 33t/（MPa·d）左右。

另外，利用数值模拟方法，在一个历史拟合的油藏模型上，在油藏压力 2MPa、生产压差 1.8MPa 条件下对油井产液量的计算，结果是 62t/d，其产液指数为 34.4t/（MPa·d）。

从以上结果看，齐 40 莲 II 油藏在汽驱中的采液指数大约为 34t/（MPa·d）。

3. 注入井注汽能力的估计

蒸汽吞吐资料表明，在油层破裂压力以下，注汽速度可达300t/d 以上，15-29 汽驱井组注汽的资料表明，注汽井口压力 4MPa 下，注汽速度为 120t/d。

这些资料都表明，任何汽驱方案，莲Ⅱ油藏都不会出现注入问题。

蒸汽驱试验方案设计

1. 试验区的选择

为了证实油藏的蒸汽驱效果，在选择试验区时应遵循以下原则：

(1) 试验区的油藏地质条件要具有该油藏的代表性。

(2) 试验区已有井生产正常，井况较好，以减少投资。

(3) 试验区开发状况接近全油藏平均水平。

(4) 地面无大型建筑，便于施工。

根据以上原则，确定以 8- 侧 261 井为中心的区域为试验区（图 2）。

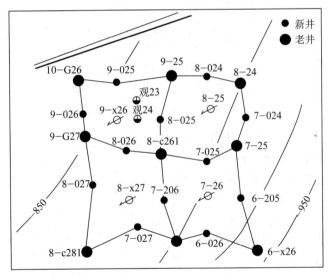

图 2　齐 40 块莲二油层蒸汽驱先导试验井组部署图

2. 试验区的油藏地质和开发状况

根据试验区已有井的统计，试验区内莲Ⅱ油层比较发育，油层厚度大，平均 36.2m，且比较集中。区内油层连通好，连通系数在 90% 以上。

据统计，试验区蒸汽吞吐开采，到 1997 年 6 月采出程度为 23%，平均剩余油饱和度还近 60%，油藏压力大约为 2MPa。

3. 注采参数及井组设计

至 1997 年 6 月，试验区油藏压力已降到 2MPa 左右，所以可设计采注比为 1.2。

试验区油层厚度比较大，且比较集中，纯总厚度比在 0.7 以上，其注汽速率设计为纯油层的 1.8t/ (d·ha·m)。

根据前面分析的油井产液指数，在汽驱中油藏压力保持 2.5MPa，生产压差 1.8MPa 的条件下，其油井产液量为 60t/d，考虑到目前采油工艺的水平，保守地取单井产液量为 50t/d。

根据试验区油层厚度和确定的注采参数，用最佳公式设计法计算汽驱井组，最佳汽驱设计公式为：

$$\text{五点井组} \quad \begin{cases} d = 100\left(\dfrac{q_{\mathrm{L}}}{Q_{\mathrm{s}} \cdot h_{\mathrm{o}} \cdot R_{\mathrm{pi}}}\right)^{0.5} \\ q_{\mathrm{s}} = 10^{-4} Q_{\mathrm{s}} \cdot h_{\mathrm{o}} \cdot d^2 \end{cases}$$

$$\text{七点井组} \quad \begin{cases} d = 87.7\left[\dfrac{q_{\mathrm{L}}}{Q_{\mathrm{s}} \cdot h_{\mathrm{o}} \cdot R_{\mathrm{pi}}}\right]^{0.5} \\ q_{\mathrm{s}} = 2.6 \times 10^{-4} Q_{\mathrm{s}} \cdot h_{\mathrm{o}} \cdot d^2 \end{cases}$$

$$\text{九点井组} \quad \begin{cases} d = 86.6\left[\dfrac{q_{\mathrm{L}}}{Q_{\mathrm{s}} \cdot h_{\mathrm{o}} \cdot R_{\mathrm{pi}}}\right]^{0.5} \\ q_{\mathrm{s}} = 4 \times 10^{-4} Q_{\mathrm{s}} \cdot h_{\mathrm{o}} \cdot d^2 \end{cases}$$

式中　d——井组中相邻生产井间的距离，m；

h_{o}——纯油层厚度，m；

Q_{s}——注汽速率，t/ (d·ha·m)；

R_{pi}——井组采注比；

q_{L}——单井产液量，t/d；

q_{s}——单井注汽速度，t/d。

计算结果见表 1。

表 1　齐 40 莲 Ⅱ 试验井组计算结果

井组	参数取值			计算结果		结果判断
	Q_{s}	R_{pi}	q_{L}	d	v_{s}	
五点井组	1.8	1.2	50	80	42	不合理
七点井组	1.8	1.2	50	70	83	不合理
九点井组	1.8	1.2	50	69	125	合理

前面我们已论证，该油藏注入能力很高，各种井组的注汽速度都能满足，因此这里只需判断在不同注汽速度下井底蒸汽干度是否能达 40% 以上。根据以往的注汽经验，在目前技术条件下，像该油藏 1000m 左右深度，注汽速度 42t/d 或 83t/d，井底干度达不到 40% 以上，所以五点井网和七点井网为不合理井网，不能采用。只有 69m 井距、注汽速度 125t/d 的九点井网才是合理井网，也是最优井网。

这一结果告诉我们，正好可以把试验区中的一个现有 140m 井距的九点井组加密成 70m 井距的 4 个九点井组（图 2）。

研究确定：汽驱试验由 4 个 70m 井距的九点井组组成。试验井组总面积 0.0825km^2，原始储量 62×10^{4}t，注汽速率 1.8t/（d·ha·m）（纯油层），采注比 1.2。

4. 汽驱效果预测

要做汽驱效果预测，还需要先做好以下 3 方面的工作：

（1）首先要对试验区过去的开发做历史拟合，确定汽驱开始时（设为 1998 年初）的初始条件，由于这部分内容太多，又是读者常做的工作，这里不再重述。

（2）给出明确的预测条件：

①试验区为 4 个 70m 井距的九点井组；

②注汽速率 1.8t/（d·ha·m）；

③采注比 1.2；

④井底蒸汽干度 55%；

⑤射孔方案：注入井和生产井均射开每小层下部 1/2；

⑥汽驱结束方式：连续注汽 4 年后逐年降干度 10 个百分点，两年后转注热水。

（3）给出配产配注方案。

各井的注汽速度根据注汽速率 1.8 及井组实际面积和平均油层厚度，计算出各注入井的注汽速度，然后再根据井底干度的要求对注汽速度做适量调整，结果如表 2 所示。

生产井的配产液量，先根据各井组注汽量和采注比要求，计算出各井组的总排液量，然后根据各生产井在各受效井组中的油层厚度和泄油面积，计算出该井在各受效方向上的排液量，将各受效方向上排液量相加，得各生产井的总排液量，最后再根据各生产井在蒸汽吞吐阶段的生产情况和边角井位置，对各生产井的总产液量做适当调整，结果如表 3 所示。

在历史拟合的初始油藏条件的油藏上和所给配产配注条件下，用数值模拟法进行预测，汽驱效果预测结果如表 4 所示。

由表 4 看出，该汽驱试验共 8 年，累计产油 21.1×10^{4}t，累计注汽 116×10^{4}t，累计油汽比 0.20，汽驱采出程度 34.6%，蒸汽吞吐加汽驱最终采收率为 58%。

表2 各注汽井的配注量

注汽井	井组油层厚度 m	井组面积 ha	计算的注汽量 t/d	确定的注汽量 t/d
7—26	33.6	2.64	159	160
8—25	35.3	1.90	120	120
8—27	38.6	2.48	170	160
9—26	37.0	2.05	136	140
合计	—	—	585	580

表3 各生产井的配产液量

	老井				新井		
井号	计算产液量 t/d	确定产液量 t/d	备注	井号	计算产液量 t/d	确定产液量 t/d	备注
6—g26c	14.4	15	角井，单向	6—025	41.3	40	边井，单向
7—25	29.9	30	角井，双向	6—026	14.2	15	边井，单向
7—27	21.0	21	角井，双向	7—024	20.5	21	边井，单向
8—24	13.0	13.0	角井，单向	7—025	57.1	55	边井，双向
8—261c	56.5	55	角井，四向	7—026	64.7	62	边井，双向
8—281c	19.4	20	角井，单向	7—027	35.6	35	边井，单向
9—25	32.4	32	角井，双向	8—024	32.4	33	边井，单向
9—27c	22.7	23	角井，双向	8—025	43.2	43	边井，单向
10—26	16.2	19	角井，单向	8—026	61.6	60	边井，双向
				8—027	40.0	40	边井，单向
				9—025	30.2	30	边井，单向
				9—026	31.3	32	边井，单向
合计	209	225				466	—

表4 齐40莲Ⅱ油藏蒸汽驱先导试验开发指标预测

开发 年度 a	年度开发指标				累计开发指标				
	年产油 10⁴t	年产水 10⁴t	年注汽 10⁴t	年度 油汽比	累计 产油 10⁴t	累计 产水 10⁴t	累计 注汽 10⁴t	累计 油汽比	采收率 %
1	2.61	7.66	9.87	0.26	2.61	7.66	9.87	0.26	4.28
2	3.67	13.40	15.12	0.24	6.28	21.05	24.99	0.25	10.29

开发年度 a	年度开发指标				累计开发指标				
	年产油 10^4t	年产水 10^4t	年注汽 10^4t	年度油汽比	累计产油 10^4t	累计产水 10^4t	累计注汽 10^4t	累计油汽比	采收率 %
3	3.41	14.46	16.44	0.22	9.68	35.51	40.43	0.24	15.87
4	3.00	14.81	15.21	0.20	12.68	50.32	55.64	0.23	20.79
5	2.60	14.80	14.84	0.18	15.28	65.12	70.48	0.22	25.06
6	2.39	15.18	14.97	0.16	17.67	80.30	85.45	0.21	28.97
7	1.93	16.0(水)	15.26	—	19.60	96.32	—	0.21	32.14
8	1.51	15.7(水)	15.26	—	21.12	112.04	—	0.21	34.62

5. 汽驱试验实施中的技术要求

1）钻井完井技术要求

（1）由于长期蒸汽吞吐生产，试验区已高度卸压，为防止钻井完井中对油层的伤害，要求钻开油层时采用平衡钻井技术，用无固相钻井液。

（2）由于试验井组井距很小，为确保井组的规则性，要求井底位移小于 5m。

（3）井底要留有 30 ～ 50m 的鼠洞，以便将抽油泵下入口袋内。

（4）按热采井设计完井，采用 ϕ177.8mm N-80 套管，预应力完井；采用耐高温水泥，注入井返至地面，油井返至油层以上 500m，上部从井口填充至地面。

2）地面流程和采油设备要求

（1）锅炉：耐压 10MPa，供汽 600t/d，干度 75% ～ 80%。

（2）供汽系统：从锅炉到井口，热损失小于 5%；蒸汽分配干度相差小于 10 个百分点，能对各注入井的注汽速度进行控制和测量。

（3）油气集输计量系统：各井产量能单独计量，每周计量一次，计量时间 4 ～ 8 小时，各生产井能测量出油温度。

3）井下注采设备

（1）注汽井采用真空隔热油管，下到油层底部。油层以上 5 ～ 10m 处坐封隔器，不得渗漏。

（2）采用耐温抽油泵，120℃ 下能正常工作。

4）资料录取技术要求

录取资料总的原则是少而精，录取资料的种类和数量以满足油藏动态分析为准，不可过量；各项资料都要有科学的资料录取规程，确保所录取的资料准确可靠。所录取的资料主要有以下几种：

（1）锅炉出口的测量，每天进行一次锅炉出口蒸汽压力、温度、产出量和干度的测量，每天计量一次燃料耗量，每月进行一次烟道气和含氧量的测量。

（2）注汽井：每天记录一次井口压力、温度，每半年进行一次注汽速度和井底干度测量。

（3）生产井：各井每周进行一次4～8小时的单独产液速度、产油速度、出油温度测量。

（4）对7−026. 8−025和8−C261井每年进行一次套管气组成分析，对9−26井每年进行一次不稳定压力试井。

（5）观察井：每半年进行一次温度剖面和压力测量。

5）跟踪分析和调整

为了使试验顺利进行并取得好的开发效果，实施中要进行全面和及时的跟踪分析，发现问题及时解决或做出调整。

汽驱试验的实施及跟踪分析

1. 汽驱试验实施的基本情况

汽驱试验实施的基本情况可分3个阶段

1）准备阶段

为了建成汽驱试验井组及地面系统，1997年下半年新建了注汽站和注汽系统，并钻了16口新井。

根据新钻井所获得的新资料，辽河油田研究院稠油所地质室进行了试验区的地质研究，确定了试验井组面积0.0825km²，油层平均厚度29.2m，原始石油储量为50.1×10⁴t。

根据地质研究结果，重新统计落实了汽驱试验前试验区的开发情况，试验区9口老井从1987年陆续投入蒸汽吞吐开采以来，到1997年底共采油30.5×10⁴t，共注汽26.6×10⁴t，划分到试验井组内，产油12.0×10⁴t、注汽10.9×10⁴t，即试验区内的采出程度为24%。

2）吞吐预热和解堵阶段

由于试验区原油黏度较大，再加上钻井中没有采取防油层伤害措施。因此，在汽驱前集中进行了吞吐预热和解堵，设计吞吐两个月就转为蒸汽驱，但由于新钻井产液量太低，对新井又进行了第二轮吞吐。因此延迟到1998年10月才转驱。

3）连续注汽阶段

从1998年10月开始连续汽驱，到2003年底已汽驱5年，按方案设计，已到了应转水驱阶段。

2. 跟踪分析

蒸汽驱试验是一个大的系统工程，从油藏地质研究、开发方式选择、开发方案设计，到钻井完井、采油工艺及汽驱过程中的日常管理等多个环节。任何一个环节或环节中的某一细节出现问题，都会影响到蒸汽驱的试验效果，有些甚至是不可挽回的后果；另一方面，蒸汽驱对我们来说又是一个新工艺，由于缺乏经验，有时又不可避免地出现一些问题。为了使汽驱试验顺利进行，并及时消除或减少试验中的问题，我们进行了全过程的跟踪分析。

跟踪分析基本采取了两种做法：一是日常生产动态分析，发现问题随时提出并采取措施；二是分阶段进行数值模拟跟踪分析。在数值模拟分析中，首先通过数值模拟，确定实际操作条件下的油藏状况及实际生产结果；然后与方案对比，分析实施中可能存在的问题并预测消除或减少这些问题后的开发效果；最后针对影响开发效果大的因素提出改进措施，或必要时建议对方案作出调整。从汽驱开始到目前，共进行了 5 次跟踪数值模拟分析。

有关这方面的详情，由于报告太多，不可能全面介绍。这里只把跟踪研究中发现的重大问题，对问题的分析，以及建议所采取的调整措施作一简单介绍。

1）跟踪分析中所发现的重大问题

（1）井底蒸汽干度低，特别是初期。

跟踪拟合结果和测试结果都表明，井底蒸汽干度偏低，初期只有 30% 左右，改正后的干度也只有 40% 左右。造成这一局面的原因是地面保温差，注入管柱漏汽。根据 1998 年 12 月 4 日 3 口注入井的测试资料，从锅炉出口到井口，热损失达 10%。根据 1998 年 12 月 4 日 8-X27 井测试资料，井口蒸汽干度 62%，到 118m 深处降到 56%。据此计算，井底干度只有 25% 左右，井筒热损失达 35%。又据 1998 年 10 月 29 日 8-25 井的测试资料，井口蒸汽干度 59%，井底干度 33%，井筒热损失 30%。

以上资料说明，地面和井筒的总热损失在 40% 左右，热利用率只为 60%。

蒸汽干度低反映在数模中地下汽腔体积很小；测试资料也证实了这一点：1999 年 6 月 16 日，9-X26 井已注汽 8 个月，距该井 5m 的观 9-26 井井底最高温度为 235℃，而距该井 28m 的观 24 井，其最高温度才只有 110℃。显然观 9-26 井已处于蒸汽腔内，而观 24 井还只是刚受到热波及，据此估计蒸汽腔大约在 15m 左右，汽腔体积还不到井组体积的 5%。按这一汽腔扩胀速度估计，汽驱结束时汽腔体积也只有油藏体积的 25% 左右。

（2）新井产能低。

试验开始不久就发现许多油井产液量偏低，并发现大多是新钻井。造成新井产能低的原因是钻井完井中，严重伤害了油层。试验时的齐 40 油藏是已经高度卸压的油藏。方案设计中特别强调了钻井中的保护油层，建议采用平衡钻井和特殊完井方法，但实施中对这一要求没有给予充分重视，用的是普通钻井液，常规热采完井。根据钻井纪录钻井液相对密度1.1计算，对埋深1000m，油藏压力2MPa的油藏，对油层所造成的挤压力达9MPa；固井水泥相对密度1.85，挤压力达16.5MPa，在这样的挤压力下被挤入地层的钻井液和水泥，无论蒸汽吞吐解堵还是汽驱生产都无法解除。

据转驱前1998年9月吞吐生产阶段的统计，16口新井平均产液水平只有4.1t/d，而9口老井的平均产液水平为12.7t/d，老井是新井产能的3倍。再看转驱后1999年9月的生产统计，开井的12口新井平均产液为43.5t/d，而开井的3口老井平均产液71t/d，老井产能是新井产能的1.6倍，再考虑到老井是角井，新井是边井这一位置的差别，老井产能应为新井产能的2倍以上。由此可见，新井地层伤害是严重的；而且是无法完全解除的。这是完不成配产要求的一个重要原因。

（3）举升工艺达不到设计要求，动液面偏高，是完不成采注比要求的另一重要原因。

对1000m深的齐40油藏来说，把动液面降到油层顶部是完全可以做到的，但实际中生产井的动液面一直较高。据1999年9月统计，完不成配产要求井的平均液面深度为750m，比平均油层顶部924m高出170m。如果把这些井的动液面再降低100m，即使伤害条件下也基本能达到配产要求。据2000年6月统计完不成配产且液面高的井仍有4口。

（4）含水分析有问题，影响了对真实效果的评估。

跟踪模拟中我们发现难以拟合计量的产油量。对这一问题我们曾多次到现场观察，从井口放空闸门放出的产出液看，其含水绝没有报表上那么高。现场操作人员也告诉我们，他们感觉含油早已明显上升。另外我们又查阅含水分析结果与报表，发现多处报表报告含水值比当日分析值高（据说是选值）。为了了解真实产油情况，1999年9月取了3口井的大样。结果报表产量比大样产油量少16t/d，如果折合到全井组则少计40t/d。1999年11—12月又对10口井进行了系统的取大样，结果是10口井大样的平均含水85.1%。而对应时间报表的平均含水95.7%。按每天井组400t/d产液量计算，则每天少计油量42.4t/d。对此，经研究决定，加密取样、取消选值，采用实际平均值。经这一处理，2000年底又经取大样证实，基本消除了计量误差。这样看来，从产液量大幅上升到计量基本可靠的1.5年时间内，共少计量产油量约$2×10^4$t，与数模结果基本一致。

2）各个问题影响程度的分析

为了定量确定实施中存在的问题对汽驱效果的影响程度，我们做了从汽驱开始到2000年6月的数值模拟研究。

首先计算所有操作条件都达到方案要求（注汽速度540t/d，产液650t/d，蒸汽干度55%）的开发效果，然后计算某一操作条件为实际操作条件时的开发效果，这样即可得到由于某一操作条件没达到方案要求对开发效果的影响程度。计算结果如表5所示。由表中数据看出，由于完不成采注比，油层压力升高，造成流体外溢和汽驱效果变差而损失了 3.91×10^4t（其中压力升高外溢油量约 1.0×10^4t，因压力升高汽驱效果变差损失 2.91×10^4t），占应有产量的42%；由于井底干度不够而影响 0.38×10^4t（这是在高压下的影响，如果能完成采注比影响会大得多）占应有产量的4%；因计量误差约少计量 2.0×10^4t，占应有产量的21.0%。所以从汽驱到2000年6月，计量产量的效果只为应有效果的33%左右。如果把少计量油量考虑为实际效果油量，则实产油 5.07×10^4t，那么实际效果为方案效果的44%。由以上分析看出，影响最大的是完不成采注比造成的，其次是计量误差，干度的影响相对较小。

表5　各种问题对开发效果的影响（1998年10月至2001年6月底）

方　案	产油量，10^4t	影响产油量，10^4t	影响程度，%
设计方案 （采注比1.2，干度55%）	9.36	0	0
实际产液量 （采注比0.7，干度55%）	5.45	−3.91	42
实际注汽干度 （采注比1.2，干度35%）	8.98	−0.38	4
计量误差	—	−2.0	21

3）对存在问题所采取的措施

对试验中存在的问题，我们及时进行了分析并提出了相应的改进措施。

（1）对干度低的问题：地面保温已既成事实不好再动；对注汽管柱的漏气，最早提出重新坐封，但没有进行，后来被迫又提出环套定期补氮气。这一措施部分见效，使井底干度由30%左右提高到45%左右，但仍没有达到方案要求。

（2）对产液低的问题：油层伤害问题多次安排吞吐解堵引效，少数井也采取过重射，但都不能解决。对液面高的井多次加深泵挂，调参，换大泵，以加强排液力度，见到了一定效果。到2000年初，产液量达到560t/d左右，采注比达1.04，但仍没有完全达到方案要求。

（3）对计量问题：如前所述，采取加密取样，取平均值的方法，基本解决了误差（图3）。

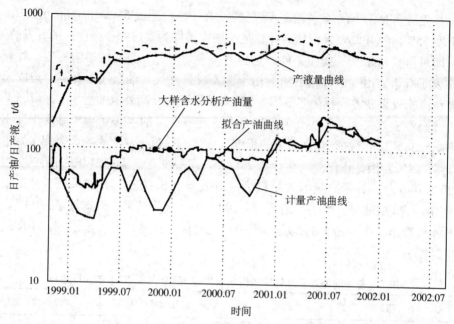

图 3 试验井组蒸汽驱产量图

4）跟踪数模分析

为了进一步分析各问题因素的影响及采取措施的效果，我们又做了从汽驱开始到 2001 年 12 月的跟踪数模分析，结果如表 6 所示。

表 6 各种问题对开发效果的影响（1998 年 10 月至 2001 年 12 月底）

方　案	产油量，10^4t	影响产油量，10^4t	影响程度，%
设计 （采注比 1.2，干度 55%）	13.81	0	0
实际产液量 （采注比 0.83，干度 55%）	12.01	−1.8	13.0
实际注汽干度 （采注比 1.2，干度 40%）	13.4	−0.45	3.3
计量误差	—	−2.0	14

从表 6 中数据看出：因完不成采注比而损失了 1.8×10^4t 油，占方案应有产量的 13%，由于蒸汽干度低（措施后干度达到 45%，前期 35%，平均约 40%）影响产量 0.45×10^4t，占方案应有产量的 3.3%。如果把少计量的产量考虑为实际产出，那么，实际产量为方案应有产量的 84%。

从两次数模结果看，采取措施后使汽驱效果大有好转，从 2000 年 6 月实际汽驱效果只为应有汽驱效果的 44%，提高到 2001 年 12 月的 84%。事实上，目前汽驱效果已接近方案设计指标，如果按目前的操作条件进行下去，汽驱效果还会提高，汽驱成功是有把握的。

这些效果的取得，说明了问题的分析和所采取的措施是正确的。同时也再次证明要想汽驱成功，必须满足汽驱的条件。

汽驱试验结果

汽驱进行到 2002 年底，按汽驱实施后所制定的方案设计应转为水驱了，但此时油田工作者们提出要在汽驱试验井组进行一些其他试验和措施，不同意转水驱，因而我们只有终止跟踪分析，只能做已进行的汽驱阶段的试验情况总结。

1. 基本生产情况

从 1998 年 1 月吞吐预热开始到 2002 年底，汽驱试验 5 年的情况是：

（1）累计注汽 89.3×10^4t（其中吞吐预热注汽 4.9×10^4t，吞吐引效注汽 6.9×10^4t，汽驱注汽 78.0×10^4t）；

（2）累计产液 75.2×10^4t（其中吞吐预热产液 5.0×10^4t，汽驱阶段产液 70.2×10^4t）；

（3）累计产油 16.8×10^4t（其中吞吐预热产油 2.5×10^4t，汽驱阶段产油 14.3×10^4t）；

试验全过程的生产曲线如图 3 所示。

2. 操作条件

1）注汽速率

以总注汽量计算，平均试验区注汽速度 489.3t/d，按试验井组面积 8.25ha，平均纯油层厚度 29.2m，那么，平均注汽速率为 2.03t/（d·ha·m）（纯油层）。

2）注汽干度

从前面跟踪分析看出，汽驱早期平均井底干度 35% 左右，措施后平均 45% 左右，整个试验过程中，平均井底蒸汽干度在 40% 左右。

3）采注比

汽驱注汽 78.0×10^4t，汽驱阶段产液 70.2×10^4t，汽驱采注比 0.9。

4）油藏压力

试验前油藏压力为 2MPa，试验过程中的检测表明，油藏压力大约维持在 3MPa 左右。

3. 汽驱效果

（1）汽驱试验采出程度 33.5% OOIP，加上蒸汽吞吐采出程度 24%，到 2002 年底，试验区的总采出程度已达 57.5%OOIP。

（2）汽驱试验油汽比 0.19。

结　束　语

（1）齐 40 汽驱试验基本是成功的，到目前已取得的成果：汽驱阶段采出程度 33.5%OOIP，油汽比 0.19。按预测，转水驱还能提高采收率 6%，即如将汽驱全过程进行到底，汽驱采出程度可达 39.5%OOIP。加上汽驱前蒸汽吞吐的采出程度 24%，汽驱最终采收率可达 63.5%OOIP，油汽比可达 0.22。这些汽驱指标在世界的汽驱中也是最好的之一。

（2）从汽驱操作条件看，汽驱中有些操作条件只是接近最佳条件，并没有达到最佳条件。

①采注比：最佳为 1.2，而试验的采注比只有 0.9，这一方面是钻井严重伤害油层，另一方面是试验中没有达到强排条件造成的（动液面普遍在油层顶以上 100～200m）。

②注汽速率：方案设计为净油层（36.5m）的 1.8t/（d·ha·m），在钻新井落实油层净厚度为 29.2m 时，由于已意识到注入速率设计偏低，而没有降低注汽速度。因此按落实净厚度计算的注汽速率达到 2.03t/（d·ha·m），按总油层厚度计算约为 1.4t/（d·ha·m），即接近总油层厚度的最佳注汽速率 1.5t/（d·ha·m）的水平。

③蒸汽干度：方案设计 55%，而实际中由于注汽管柱漏失等原因，平均只有 40%，处于最佳汽驱蒸汽干度的下限。

④油藏压力：由于钻井的严重伤害油层和达不到强排要求，使采注比一直小于 1.0，这一情况除造成部分流体外溢外，使油藏压力有所上升。汽驱中油藏压力一直处于最佳汽驱油藏压力的上限 3.0MPa 左右。

（3）尽管汽驱操作条件只是接近最佳汽驱操作条件，但汽驱效果非常好，超过了设计指标，这说明齐 40 油藏的实际情况比油藏描述的基本特征还要好。可能在油层厚度、含油饱和度的描述上还没有达到油藏实际情况。

（4）按方案优化，到 2003 年应转为水驱，这样不但可以利用油藏中的余热，而且还可把汽驱过程中外溢流体回采一部分，预测水驱二年还可提高采收率 6%。但油藏管理者们不同意转水驱，他们要做其他一些试验，从而没有看到汽驱全过程，这是一大遗憾。

美国克恩河稠油油田的开发试验及其经验教训

(2008 年 5 月)

美国加州克恩河油田，是世界上注蒸汽开发非常成功的典型实例之一。这里我们把克恩河油田的基本状况、开发历程与重大技术的应用，以及几个重要先导试验的情况介绍给大家，以便吸取其经验教训，搞好我国稠油的开发。

克恩河稠油油藏的基本状况

1. 油藏基本状况

克恩河油田位于美国加利福尼亚州柏克斯弗尔德市东北约 8km 处，其地质构造为向西南倾斜（倾角约 3.5°）的单斜构造。油田西翼为水层、南边为断层、北边为岩性尖灭、东边为沥青所圈闭，为一个构造—岩性油田。

克恩河油田的主力油层为克恩河油层。它是冲积扇沉积，埋深 80～450m，岩性由疏松的细砂岩到砾石岩；黏土含量 8%，夹有泥质砂岩和泥岩。储层物性较好，单层厚度 10～30m，平均孔隙度 38%，平均渗透率 4D；隔层一般在 7m 左右，将油层分为 4 个油层组，自上而下为 C、G、K 和 R（图 1）。油藏原油属稠油，原油相对密度 0.9758，油藏温度下脱气油黏度从 400～20000cP❶，平均 4000cP。

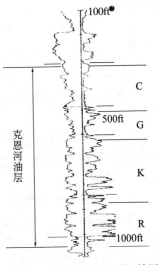

图 1　克恩河油田克恩河储层纵向分布情况

2. 油田开发史

克恩河油田发现于 1899 年，由于当时对重油没有需求而直到 20 世纪 50 年代初炼油技术的发展及对重油需求的增加，才促使其采用新的采油方法投入开发。

---

❶ 1cP=1mPa·s。

❷ 1ft=0.3048m。

由于原油黏度高，流动困难，初期油井平均产量只有 1.6m³/d，从 1958 年开始试验井筒热水循环加热采油法成功后，才使油井产量有了较大增加。当年在已采了 59 年之久的 54 口老井安装了热水循环装置，使 54 口井的产量从 40m³/d 增至 230m³/d，几乎增加 5 倍，效果显著，因此迅速推广了这种采油方法。到 1960 年，发展到 797 口，这是该油田热采技术发展的第一个里程碑。

井筒热水循环采油技术获得成功后，盖蒂石油公司于 1962 年在克恩试验区开始了一项热水驱试验，并于 1964 年 8 月将热水驱转为蒸汽驱试验。而与此同时，凯瑞特蒙特油气公司经两年准备，于 1964 年 8 月开始了蒸汽吞吐试验。共进行了 7 口井的蒸汽吞吐，注汽前 7 口井的总产量为 4.3m³/d，注汽后，增产有效期 151 天，此间平均日产 65.6m³/d，增产 14 倍多。

蒸汽吞吐采油技术的成功，给克恩河油田的生产带来飞速发展。1964 年当年就开始了大规模推广。到 1969 年，全油田蒸汽吞吐生产井达到 4576 口，使克恩河全油田产量达到 1.14×10⁴m³/d。蒸汽吞吐成为克恩河油田热采技术发展的第二个里程碑。

蒸汽吞吐作业平均每次注汽 1030m³/次，有效期 5 个月，平均周期产油 752m³，平均油汽比 0.78。每口井一般吞吐 8～10 次。虽然蒸汽吞吐能快速增加产量，但人们也看到，它提高采收率有限，只能把采收率提高到 15%～20%OOIP。

虽然蒸汽驱技术与蒸汽吞吐几乎同时开始试验，但由于蒸汽驱技术需要较长时间才能做出评价，故肯定蒸汽驱技术的价值要比蒸汽吞吐晚 2～3 年。到 20 世纪 60 年代后期才得出结论，蒸汽驱可以把克恩河油田稠油的最终采收率提高到 50%OOIP 以上。从此找到了大幅度提高克恩河油田采收率的主要热采技术——蒸汽驱。

从 1964 年开始，经过几年的蒸汽驱试验和扩大汽驱生产，到 1972 年，克恩河油田的汽驱产量已超过蒸汽吞吐产量。蒸汽驱技术成为克恩河油田热采技术的第三个里程碑。

3. 1981 年的开发现状

这里对 1981 年 7 月克恩河油田的生产动态作一简述，以便对克恩河油田的注蒸汽开发情况有个概括了解：

（1）全油田生产情况：总产油量 1.38×10⁴m³/d，总水产量 13.4×10⁴m³，综合含水 90%，燃料油耗量 5477m³/d，约为产油量的 40%。

（2）蒸汽驱注入井 1788 口，生产井 3554 口（其中吞吐生产井 1120 口，汽驱生产井 2434 口），停产井 211 口，总井数为 5553 口。

（3）蒸汽吞吐井总产量 1700m³/d（占总产量的 17%），平均单井 1.5m³/d，汽

144

驱生产井总产量 12084m³/d（占总产量的 83%），平均单井产量 5.0m³/d。

（4）蒸汽发生器以大型为主，拥有 23t/h 的 225 台，9.2t/h 的 69 台，其布局是 5 ~ 10 台组成一个注汽站。

（5）蒸汽吞吐作业：

平均每井次注汽 10.3 天，耗油 99m³/次，耗水 2000m³/次，每次吞吐费用 18900 美元。

（6）油井作业周期：

吞吐井平均每吞吐一次注汽作业 11.4 天，生产周期平均 1.6 年。生产井每 10 天计量一次产量。由于出砂严重，平均每井 4 个月捞砂一次，一年冲砂一次。每口井 2.5 个月测液面一次。

（7）克恩河油田从 1900 年到 1980 年的历年生产动态如图 2 所示。由于 1958 年后井筒加热、蒸汽吞吐及蒸汽驱三大技术的应用，产量大幅度上升。1980 年产量突破 $600 \times 10^4 m^3$。

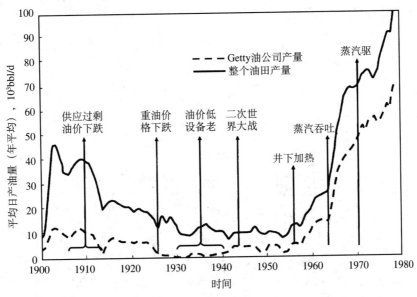

图 2　克恩河油田产油历史

（8）经济效益情况：

虽然 1981 年油田总体上已处于蒸汽驱后期，生产含水高，耗油多，但由于采用了一套较完整的管理方法、技术改进、减员（仅 400 职工），以及专业化服务等，油田仍有效益。

收入——以单井平均日产 24.4bbl/d，油价 25.3 美元/bbl 计算，单井收入为：

25.3 美元/bbl × 24.4bbl/d=617.3 美元/（井·d）

支出——单井平均日耗油 9.7bbl，约为 245.4 美元；

蒸汽发生器单井日折旧费为 37.0 美元；

平均单井日耗电费 8.3 美元（0.06 美元 1 度）；

平均单井原油集输净化处理费为 9.7 美元；

平均单井其他费用 44.0 美元；

平均单井日支出 348.6 美元。

扣除上述直接费用，平均单井每日净收入 268.7 美元。

（9）据了解，1981 年全油田年产 $730 \times 10^4 m^3$，年采油速度 2.3%，采出程度已达 32%OOIP。预计最终将超过 50%OOIP，有可能达到 60% ~ 70%OOIP。

克恩河油田重大开发试验

为了给读者有个总的印象，首先给出这些重大开发试验的位置（图 3），然后再分述这些试验的基本情况。

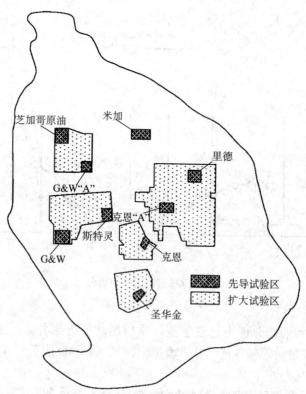

图 3　克恩河油田蒸汽驱先导及扩大试验区分布

1．克恩试验区概况

克恩试验区，是克恩河油田开发试验时间最长，开发方式试验最多的一个试验区。它的开发试验经验教训，有许多值得借鉴，因此我们首先介绍这一试验的一些情况。

1）克恩试验区的油藏概况

克恩试验区位于克恩河油田中部，其试验层位是 K_1 层，埋深 240m，油层净厚度 15m，孔隙度 38%，渗透率 4000mD，油层温度 32℃下脱气油黏度 400mPa·s。

2）开发历程及开发效果

（1）一个井组的热水驱试验。

在 20 世纪 50 年代井筒热水循环采油取得成功后，促使研究更有效地利用热能开采稠油的新方法。经过一年多的研究，认为热水驱可能能有效的开发稠油。于是于 1962 年 8 月开始了热水驱试验。试验井组为一个面积为 1ha 的正五点井组，周围 4 口井为注入井，中心井为生产井（64 井）（图 4）。

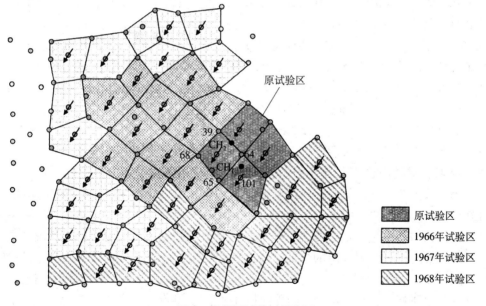

图 4　克恩河试验区井位图

当时所以选择热水驱，其原因之一是受井筒热水循环采油取得成功的鼓舞，另一原因是当时还缺乏注蒸汽设备。

热水驱开始于 1962 年 8 月 17 日，至 1963 年 6 月 28 日停注，注 149℃热水 316 天，共注入 $29.5 \times 10^4 m^3$。中心井以最低流压泵抽生产。试验前产量 0.95m³/d。试验期间共产油 $0.3 \times 10^4 m^3$，峰值达 22.3m³/d，平均 9.36m³/d。共产水 $5.4 \times 10^4 m^3$，

累计生产含水 94.8%。注热水后，中心井迅速变为高产水井这一事实说明，热水窜流非常严重。此外，试验期间对注入井和生产井的温度测井和放射性测井表明，热水仅扫及试验层的很小一部分（估计只是 20%）。这一切都表明，即使对这种黏度较低（400mPa·s）的稠油，热水驱的驱替效果也是很差的。

4 口注入井停注后，中心井又生产了 4 个月，产量由峰值 22m³/d 降到 7.2m³/d，此间共产油 1400m³，产水 4800m³。这主要是靠注入热水的热量改善了油的流度而采出的。

为了研究改变热水驱油方向对扫及效果的改善，1963 年 11 月 4 日，开始向中心生产井注热水，而同时将 4 口注入井改为生产井。中心生产井注热水（149℃）5.9×10⁴m³，4 口生产井产水 3.0×10⁴m³ 而只产油 382m³。示踪剂测试结果表明，改变热水驱动方向并没有改善扫及效果。

(2) 4 个井组的蒸汽驱试验。

热水驱的试验表明，热水驱的热效率很低，扫及效果差。要想大幅度提高热驱的采收率，必须提高油层中的加热效率。认为注蒸汽可以达到这一目的。因此，于 1964 年 6 月开始向 4 口注入井注蒸汽，注汽速度每井 48m³/d。干度 40%，温度232℃。注汽不久，中心井的产量开始上升。两个月后达到 30.2m³/d 的峰值，而含水降到 67%，到 1966 年 8 月，4 口注入井共注汽 8.9×10⁴m³，中心井共产油 6837m³（18.3%OOIP）。累计生产含水 65%，而且也没有发现汽窜。据当时预测，蒸汽驱效果还将持续 2 年，产油 3500m³。这样，蒸汽驱阶段采收率将可达 27.7%OOIP。加上一次采油的 10.4% 和热水驱的 12.7%，蒸汽驱后的最终采收率可达 51%。

在取得上述试验结果后，于 1966 年 4 月将 1 个正五点井组扩为 4 个反五点井组（图 4），继续汽驱试验，一直进行到 1974 年。

为了验证汽驱开发效果，1973 年在试验区打了两口取心井；其中一口（CH₁）打在注入井 101 与中心井 64 中间，另一口（CH₂）打在生产井 39 与中心井 64 中间。这样布取心井之目的，是为了研究最好与最差扫及位置的驱替差异情况。图5 表明了蒸汽驱前后生产层的含油、含水饱和度情况。岩心分析表明，两口井的 K_1 层上部，平均剩余油饱和度小于 9%，下部是 22%。这说明上部为蒸汽所扫及，下部为热水所扫及。蒸汽加热水的垂向扫及几乎达 100%。

两口井的驱替情况非常相近，这表明蒸汽驱的面积扫及系数也非常高。

根据岩心分析结果计算，4 个井组的汽驱最终采收率为 72%OOIP，根据生产数据计算，为 73%OOIP，基本一致（注：4 个井组的原始储量 18.67×10⁴m³）。

(3) 扩大的汽驱试验。

在一个正五点井组汽驱试验尚未结束，但已见到肯定效果后，4 个井组汽驱试验后不久，于 1966 年 5 月开始将试验扩大，以进一步试验汽驱效果，并在扩大

148

区对完井方法及配套抽油工艺也进行了改进。

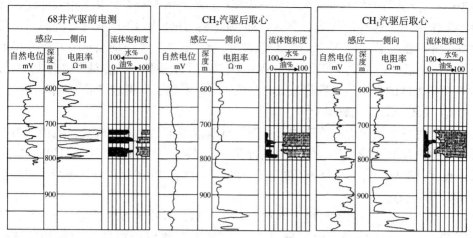

图 5　克恩试验区岩心分析结果

1966 年扩大到 16 个汽驱井组，1967 年扩大到 32 个，1968 年进一步扩大到 47 个，汽驱面积达到 52.6ha。三次扩大的井组如 4 所示。扩大汽驱动态如图 6 所示。由图可看到，尽管扩大是逐年进行的，但产量仍是不断上升。

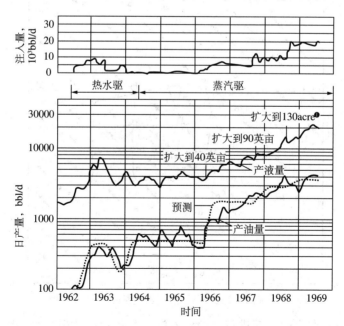

图 6　克恩试验区扩大汽驱试验的生产动态

❶ 1acre=4046.856m²。

在汽驱过程中发现，有些油井的产液量小于配产液量。因此于 1969 年开始，将 16 口产液量低于配产量的油井换成大型抽油机和大泵径泵，并采用大冲程，低冲次工作制度。这些措施非常有效，如 204 井，1968 年 12 月蒸汽突破后，产量大幅下降，由突破前的 22.2m³/d 降到 12.7m³/d。更换了大型抽油机，并将冲程加大到 3.65m 后，产量又上升到 28.6m³/d。安装大型抽油机并改变油井工作制度后，1969 年扩大区的总产液速度超过了总注汽速度，实现了汽驱的注采平衡。

2. "克恩 A" 蒸汽驱试验

尽管克恩河油田中心位置的 "克恩" 试验取得了蒸汽驱的成功，但仍认为有必要在油田其他区域或另外的油层进行蒸汽驱试验。该试验的目的就是在汽驱前采出程度已很高的情况下是否还能进行汽驱。因此在 1968 年 3 月又进行了 "克恩 A" 蒸汽驱试验。

该试验位于 "克恩试验区" 的东北方（图3），试验区为 9 个反五点井组，井组面积大约 1ha（图7），生产层是 R_1 层。汽驱前该层的初始含油饱和度已降到 35.3%，孔隙度 34.7%，油层总厚度 27m。地层温度（33℃）下脱气油黏度 2200mPa·s。

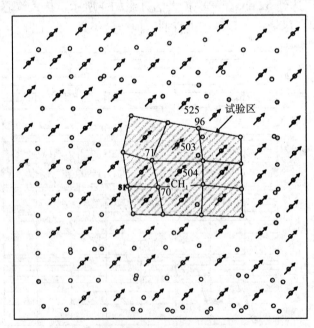

图7 "克恩 A" 蒸汽驱试验井位图

试验生产井在汽驱前都进行了蒸汽吞吐，效果很好，但产量下降快。蒸汽驱几个月后，产量快速上升，尤其新打的生产井。因此产液量也很快达到注入水平。

试验进行了 6 年，生产动态如图8所示。6 年间共注汽 82.33×10⁴m³，产油

22.59×10⁴m³，累计油汽比 0.27。

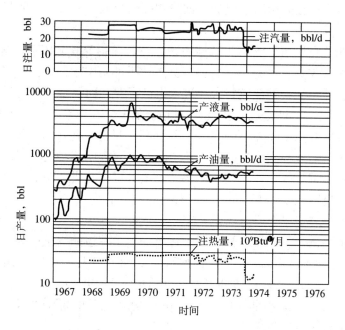

图 8 "克恩 A"蒸汽驱试验（9 井组）的注采曲线

试验将近结束时打了一口取心井 CH₁（图 7），并作为温度观察井，测得图 9
所示的温度剖面。由图看出，蒸汽能通过 R₁ 层中间的粉砂岩夹层向上超覆，但被
R₁ 层顶部的页岩挡住。这说明注入井不但可以只打开 R₁ 层下部，而且可以提高
蒸汽驱的垂向扫及系数。另外，岩心分析表明，R₁ 层顶部 30% 厚度的剩余油饱和
度只有 6%，而下部 70% 厚度仍有 21%。

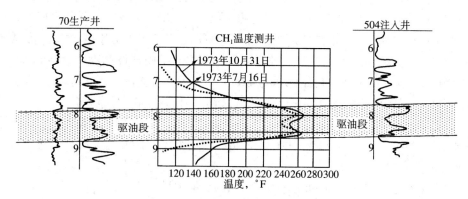

图 9 "克恩 A"蒸汽驱试验区 CH₁ 井的温度测井剖面

❶ 1Btu=1055.056J。

151

根据岩心分析结果，"克恩 A"试验区的汽驱采出了试验前初始储量的 53%。这就是说，尽管汽驱开始时油藏的含油饱和度已很低，但汽驱仍能将剩余油平均饱和度降到 15% 左右。

此外，在"克恩 A"的汽驱试验中，还进行了射孔位置及射孔密度的试验。R_1 层顶部是高渗层，中间是一个粉砂岩夹层，下部是中渗层。如果将注入井的生产层段全部打开，注入的蒸汽将大部进入上部层段，而下部层段将进汽很少或不进汽，影响下部油层的开发。为防止这种情况的发生，试验中只射开了下部 10m。此外，为了改善射开 10m 的吸汽剖面，每两英尺只射 1 孔。减少射孔密度注入压力虽有所升高，但并不太多。井下涡轮流量计测试表明，每两英尺 1 孔的吸汽厚度 70%，而克恩试验区 2 孔/ft 的吸汽厚度只有 40%。由此可见，注汽井采用选择性射孔对调整吸汽剖面，改善垂向波及程度是有效的。

3. 十井组汽驱试验

在克恩河油田，雪佛龙石油公司进行了一项十井组的汽驱试验。该试验生产层是 R 层下的 China Grade 层。试验开始于 1968 年 9 月，1975 年结束注汽，汽驱采出程度 34%，接着于 1975 年 9 月转为水驱，到 1980 年底为止，水驱采出程度已达 20%。加上一次采油的采出程度 10%，累计已采出 64%OOIP，预计水驱结束后，最终采收率能达 78%。

通常，汽驱到经济极限油汽比停止注汽后，油藏要按新的开发方式的经济极限仍生产一段时间。汽驱后注水，不但可以利用油藏中的大量余热和保持油藏压力，有利于油井生产，而且还能阻止未驱扫层段的原油再饱和到已被蒸汽驱扫过的层段。

1) 十井组油藏条件

十井组位于克恩河油田 3 区，目的层是 2 和 3China Grade 层，为古三角洲沉积。图 10 是十井组的井位图，它是由 10 个七点井组组成。总面积 24.7ha，平均井组面积 2.5ha（井距约 100m）。油层净厚度 29.3m，孔隙度 34%，渗透率 4000mD，原油相对密度 0.9725，地层温度（32℃）下脱气油黏度约 2000mPa·s，汽驱前含油饱和度 52%，初始储量为 $128.5 \times 10^4 m^3$。试验区内以 T 字形排布了 14 口测温井，以获得面积和垂向扫及系数，以及热前沿推进速度等资料。

汽驱初始，井口注汽压力最高达 4.3MPa，但 3 个月后降到 1.4MPa。汽驱后期降到 1.0MPa 左右。转注水后，井口无压力，真空吸入。10 口井总注汽速度 954 ~ 1590m³/d。

2) 蒸汽驱生产动态（1968 年 9 月至 1975 年 9 月）

十井组蒸汽驱生产动态如图 11 所示。开始注汽前，所有生产井都进行了蒸汽吞吐生产，产量显著增加是汽驱后 4 个月，即 1969 年 1 月。随着注汽速度的增加，

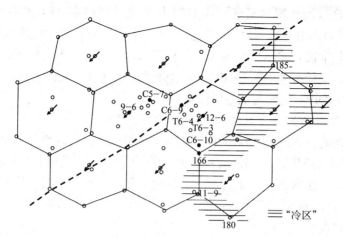

图 10　克恩河十井组蒸汽驱试验区

到 1970 年 6 月，产量上升到 254m³/d，随后由于注汽速度有所降低，产量也略有下降。由于 1971 年 1 月集中进行了蒸汽吞吐，产量又达到峰值 267m³/d，到 1971 年 6 月又开始下降，1971 年 12 月产量降到 237m³/d，注汽速度也降到 986m³/d，此后产量逐渐下降到 1974 年 8 月的 200m³/d 左右。从生产动态曲线看，反映了产量随注汽速度变化，注入速度高，产量也高，但应该有一个最优注汽速度。

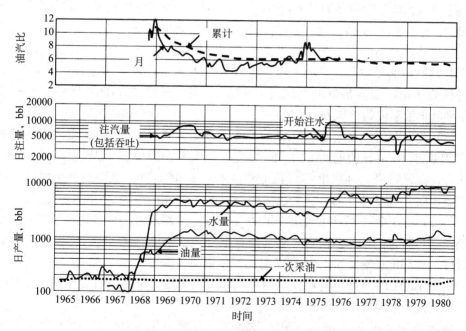

图 11　克恩河十井组蒸汽驱生产动态

1971 年底汽油比降到最低，到 1974 年底又升到最高（8.0 左右），这是由于冬天气候及蒸汽吞吐注汽量增加所致。1975 年转注水前的汽油比为 5.8。

蒸汽驱阶段（包括吞吐用汽）累计注汽 $295.5 \times 10^4 m^3$，累计产油 $48.1 \times 10^4 m^3$，累计产水 $191.7 \times 10^4 m^3$，累计采注比 0.81。累计油汽比 0.163，汽驱采出程度 37%IOIP（初始石油地质储量）。

3）注水阶段的生产动态（1975 年 10 月至 1981 年 10 月）

注水初期的注入速度 $1670 m^3/d$，之所以采用这样高的速度是考虑到油层产出及蒸汽带冷却所产生的亏空的需要。但是随后发现，这引起了产水的迅速大增，因而马上降低了注水速度。随后产水量有所下降，产油量未变。1980 年的产油量为 $182 m^3/d$，产水量为 $1570 m^3/d$，生产含水 90%。注水阶段的产量基本一直保持在汽驱末期的水平。

到 1981 年 1 月，注水阶段累计注水 $181.5 \times 10^4 m^3$，累计产油 $28.0 \times 10^4 m^3$（约为汽驱前储量的 22%），累计产水 $238.6 \times 10^4 m^3$，采注比 1.47，平均含水 89.5%。

十井组蒸汽驱加水驱共注入 $476.9 \times 10^4 m^3$（约为 1.93PV），总产油（包括一次采油）$90.9 \times 10^4 m^3$，最终采收率为原始储量的 63%。

4）监测资料的分析与应用

十井组试验过程中录取了大量资料，尤其 12 口测温井的温度剖面数据，以及 2 口汽驱前和 3 口汽驱后的取心资料，对分析试验效果特别有用。

（1）井口出油温度——计算产出热量，观察油井是否见效、是否砂堵以及是否需要调整抽油参数都是必要的资料。图 10 中标有"冷区"的油井，到 1981 年仍是试验区出油温度最低的区域（＜ 80℃），其中 3 口井（180、185 和 11-9），汽驱期间出油温度始终未升。

（2）测温井的温度剖面——试验中 12 口测温井共测了 600 多条温度剖面。图 12 是温观井 T6-4 试验期间不同时间的温度剖面。该井对应于注入井 12-6。1969 年 3 月，蒸汽已进入油层上部，但还没有将深度 202m 处的低渗透夹层加热。到蒸汽驱末期，1975 年 9 月，此处已完全被加热，蒸汽带厚度达 15m 以上。

另外，由 1976 年 7 月的温度剖面看出，注入的冷水（60℃）是沿蒸汽带底部及热水带中推进的，水驱阶段增加的产量很可能就来自热水带。上述低渗透层加热缓慢，冷却也缓慢（如 1976 年 7 月的温度剖面所示）。

由图 12 的 1979 年 7 月温度剖面可以看到，水驱 3 年后，油层下部部分厚度已冷却到注入水温度。

所有测温井的最高油层温度，1975 年 9 月是 140 ～ 160℃，1979 年 9 月是 103 ～ 129℃，到 1981 年 1 月，210m 以下已降到接近注入水的温度。

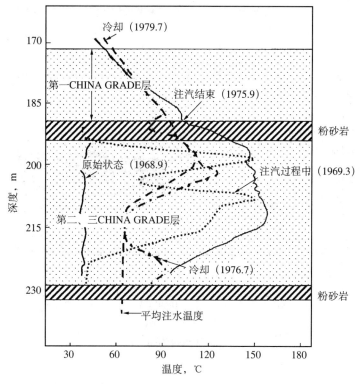

图 12　距离注汽井 46m 的 76-4 井的测温井温度剖面

　　温度剖面清楚表明，转注水后，注入水并没有像预计的那样快速进入蒸汽带，将蒸汽带很快冷却消失；另外，注水后产液速度的快速上升也说明油层中亏空很少。这些观察都说明，注入水并没有沿蒸汽带推进。

　　将不同时间的温度剖面资料分成 65℃ 以下，65 ～ 110℃ 和 110℃ 以上 3 个区段，取注入时间的对数，作出如图 13 所示的变化曲线，可得到每口温度观察井加热带在垂向上的变化情况。然后，根据注入井周围测温井的资料，可作出蒸汽带在平面上随时间的扩展情况，如图 14 所示。用这些资料，可研究垂向和平面上蒸汽的波及情况。

　　（3）取心资料——从 C5-7. C6-9 和 C-10 三口取心井取得了蒸汽驱后的岩心。根据这些井的岩心饱和度与相应注入井 9-6 和 12-6 注汽前饱和度的对比，可以计算出蒸汽驱的驱油效果。

　　图 15 是 C6-10 井蒸汽驱后的岩心与注入井 12-6 井注汽前（1968 年 1 月）的岩心含油饱和度的差异情况。3 口取心井蒸汽带的剩余油饱和度有所不同，C6-10 井较高，为 14%，C6-9 井较低，为 9.2%（1970 年 12 月），C5-7 井最低，为 5%（1971 年 4 月），平均 9.6%，而热水带的剩余油饱和度大致相同，都在 22% 左右。

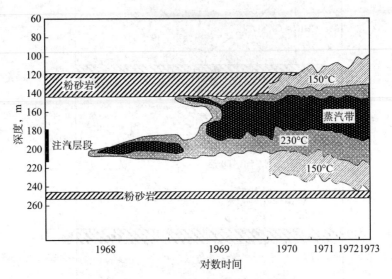

图 13　垂向加热带随时间的变化

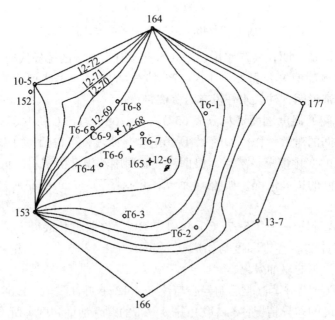

图 14　汽驱阶段 12-6 井组蒸汽带的扩展情况

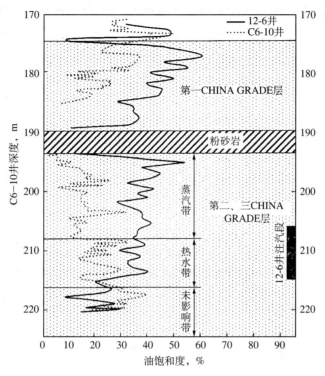

图 15 汽驱阶段 12-6 和 C6-10 井汽驱前后岩心分析

表 1 列出了不同驱替程度时 C6-10 和 C6-9 井的岩心分析对比数据。

表 1 蒸汽驱不同驱替程度时的效果

项目	井号	C6-9 井（注 0.4PV 时）	C6-10 井（注 1.16PV 时）
蒸汽带	厚度，m	5.5	15.2
	比例，%	17.8	47.6
	油饱和度，%	9.2	14.3
热水带	厚度，m	11.9	8.2
	比例，%	33.6	25.7
	油饱和度，%	22.0	21.5
未加热带	厚度，m	13.4	8.5
	比例，%	43.6	26.7
	油饱和度，%	40.0	30.0
总计	总厚度，m	30.8	32.0
	平均油饱和度，%	27.6	20.3

表 1 中 C6-9 井是在注汽 0.4PV 时取的心，而 C6-10 井是在注汽 1.16PV 时取的心。由数据对比看出，蒸汽带随注汽量的增加而变厚（由 5.5m 增至 15.2m），而热水带及未加热带在减小，而且在所有观察井中也都测出蒸汽带在随时间增加。

图 16 表明了汽驱结束时注入井 12-6 与生产井 166 之间的加热带分布情况。由图可以看出，注入蒸汽离开注入井后就开始上浮，但被第 2 China Grade 层顶部的粉砂岩所阻，第 1 China Grade 层只能靠热传导部分受热。

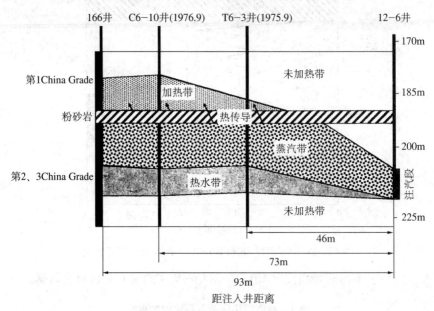

图 16　蒸汽驱结束时加热带分布

（4）示踪剂资料——在汽驱前，曾注入过 4 种示踪剂。从生产井监测的示踪剂含量，可分析各井组注入流体的流动速度和面积扫及系数。示踪剂资料也可用于确定油井产量来自哪口注入井。

水驱阶段又在 8 口注入井注入 4 种示踪剂。生产井产出液分析表明，注入水的面积波及系数与蒸汽的基本相同，只是受油层倾角影响更大。

4. 米加试验区

该试验区位于克恩河油田北部（图 3）。该区原油黏度是克恩河油田最高的，油层温度下脱气油黏度 7000mPa·s。因此该试验之目的是要了解原油黏度对汽驱效果的影响。

试验由 12 个面积为 1ha 的反五点井组组成，目的层为 R_1。汽驱前初始含油饱和度 50%。

该试验于 1969 年 9 月开始用一台 23t/h 锅炉连续注汽。其注采动态曲线如

158

图 17 所示。注汽半年后产量达到峰值，并保持两年多后才开始下降。到 1974 年 4 月，瞬时汽油比上升到 10，试验停止。试验共经历了 4 年 8 个月，采收率达到 56%IOIP。即平均剩余油饱和度降到 22%。高于克恩试验区剩余油饱和度约 8 个百分点。分析其原因认为这可能是该区原油黏度比克恩试验区高而引起的。

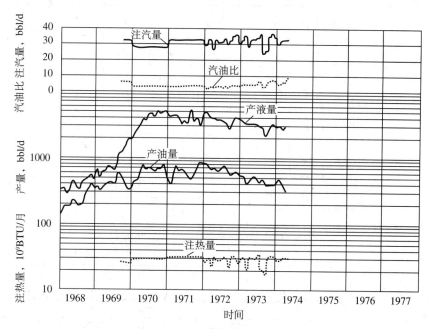

图 17　米加蒸汽试验区（12 井组）注采动态曲线

5. 坎弗尔德扩大试验区

坎弗尔德区位于克恩河油田中部偏东北，在油田的上倾部位。这里的 R_1 层是克恩河油田最厚的，而且上面有 R 层。因此，该扩大试验之目的：一是了解厚油层对蒸汽驱的适应性，二是了解上返式开采是否有利。

R_1 层总厚度 38m，净厚度 24.4m，净总厚度比 0.64，油层温度下脱气油黏度 1700mPa·s，初始含油饱和度 51%。R 油层总厚度 23.3m，净厚度 20.7m。原油性质与 R_1 相同，初始含油饱和度 43%。两层之间有约 10m 的泥岩隔层。试验于 1970 年 7 月从 R_1 层开始。该层的汽驱试验面积 85ha，共 80 个平均面积约 1ha 的五点井组（图 18），估计初始储量约 $347 \times 10^4 m^3$，原始储量 $423 \times 10^4 m^3$。图 19 是该区 R_1 层平均单井组的生产动态曲线。由图可看出，注汽一年多，产量达到一个峰值（$10.7m^3/d$）。1972 年 7 月，将单井的平均注汽速度由 $47.7m^3/d$ 提高到 $57.2m^3/d$，使其基本处于最佳注汽速度。到 1973 年，产量又升到第二个峰值（$11.5m^3/d$）。到 1976 年，此时已到了汽驱后期，又将注汽速度降到 $48.6m^3/d$，以取得更大经济效益。随着注汽速度的减小，产量也逐渐下降，到 1977 年 9 月，在注汽 7 年后油井产量降到经济极限产量 [4.8 m³/（d·井）] 时结束了汽驱。

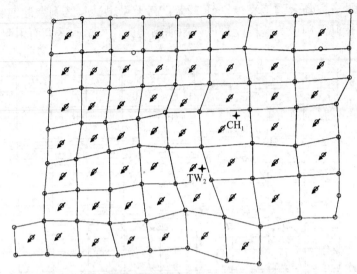

图 18　坎弗尔德区蒸汽驱扩大试验区井位

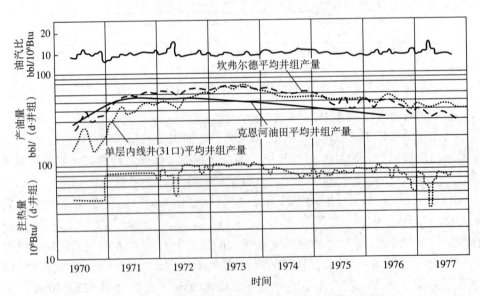

图 19　坎弗尔德 R_1 蒸汽驱扩大试验区井组平均注采动态

R_1 油层汽驱累计产油 $197.8 \times 10^4 m^3$，即每个井组平均产油 $2.47 \times 10^4 m^3$。累计油汽比为 0.20。

图 20 是 R_1 层汽驱前后的取心分析结果。

汽驱前，TW₂井的平均含油饱和度为53%；汽驱后，取心井 CH₁ 井，上部30% 厚度的平均剩余油饱和度 16%，下部 70% 厚度的平均剩余油饱和度 26%。估计汽驱采收率在 53% ~ 57%IOIP。前者为岩心分析结果，后者为生产数据计算结果。

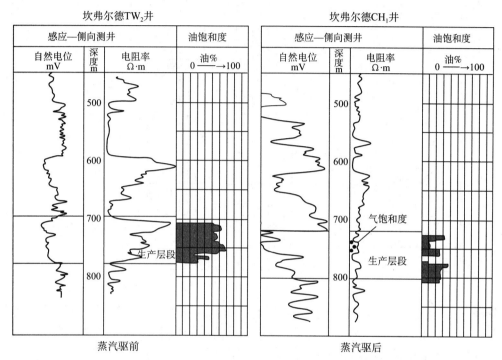

图 20 坎弗尔德 R₁ 层汽驱前后取心分析结果

R₁ 层汽驱结束后，于 1978 年 2 月开始上返汽驱 R 层。R 层汽驱面积 60ha，55 个井组，井组面积平均约 1ha、估计初始储量 $173 \times 10^4 m^3$。

根据 TW₂ 井的温度测试结果（图 21），R₁ 层汽驱过程中，通过热传导，已将上面 R 油层底部的温度由 29℃ 升高到 74℃，将 R 层顶部的温度升到 33℃。这样的预热（提高了该层的温度并且使该层顶底产生大温差），估计将对该层的汽驱产生好的影响。

用 Coata 等的热采数学模型研究了油层预热对汽驱的影响。结果表明，预热与不预热最终采收率基本相同，分别为 59% 和 58%。但预热情况下汽驱时间缩短了 1 ~ 2 年，油汽比大大增高，由不预热的 0.186 增高到预热的 0.23。

R 油层的汽驱生产动态曲线如图 22 所示。头 18 个月，注汽速度没有达到设计水平，对汽驱效果有所影响，但提高了注汽速度后产量开始稳定并有上升。图 23 是 R 层的平均单井组的生产动态曲线。为了对比，图中也划出了 R₁ 层的平

161

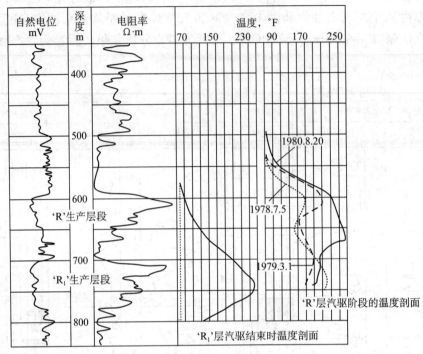

图21 坎弗尔德TW$_2$井的温度剖面

均单井组的生产动态曲线。由图可以看出，虽然R层初期的低注入速度对初期产量有一些影响，但由于预热的结果，R层初期的动态仍比R$_1$层好，而且汽驱只用了4.5年，比R$_1$层的汽驱6.7年缩短了2年多。

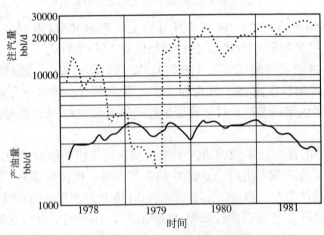

图22 R层预热后的蒸汽驱生产动态

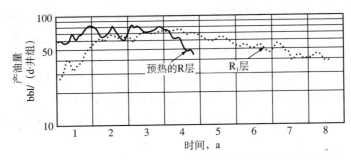

图 23 预热的 R 层蒸汽驱与 R_1 层蒸汽驱平均井组生产动态对比

R 层的汽驱估计累计产量将达 $84.9 \times 10^4 m^3$，汽驱采收率为 49%IOIP。

由于预热。缩短了开发期，提高了油汽比，这两方面带来了可观的经济效益。

克恩河油田开发试验中的经验和教训

克恩河稠油油田开发试验中的经验及教训已是几十年前的事了，理应我们早已借鉴，但我们在工作中有时还走克恩河油田开发过程的老路，甚至对它的经验教训视而不见。这里重提这些经验教训，目的是使大家对它的经验教训牢记在心，工作中真正加以借鉴。

1. 克恩河开发试验的经验

克恩河的开发经验，有许多经验值得总结和借鉴，特别是以下几个方面：

(1) 克恩河油田的开发历程表明，像克恩河这样的稠油油田，依靠天然能量开发的一次采油，不但采油速度低，而且采收率太低（只有大约 10%OOIP）。热水驱对开发效果改善不大，即使地层油黏度只有 400cP 的区域，也只能提高采收率 13%左右，高黏原油区会更差，因此蒸汽驱是开发这种稠油油田最有效的方法。不同油层、不同原油黏度的汽驱试验结果，其最终采收率在 50% ~ 70%OOIP，平均 60%左右。这一经验明确告诉我们，要想有效地开发稠油油藏，只有走蒸汽驱之路。倒退到热水驱（甚至水驱）或一次采油是没有出路的。

(2) 克恩河油田的大量试验表明，蒸汽驱的残余油饱和度 5% ~ 16%，平均9% 左右；热水驱的残余油饱和度 20% ~ 25%，平均 22%。由此结果，我们只要知道油藏的原始含油饱和度即可求得蒸汽和热水的驱油效率。

(3) 克恩河油田坎弗尔德扩大试验区多层系的上返式开采试验表明，通过上返式开采，预热了上层系的油层。预热的结果是，上层系汽驱的最终采收率虽没有明显增加，但缩短了汽驱时间（比不预热的开发期缩短约 1/4 ~ 1/3），提高了油汽比。这一经验表明，对于一个多层系稠油油藏的汽驱，最好采用上返式开采。

163

上返式开采比同时多套井网开采不但至少可节省一套井网，而且通过热板效应，缩短了上层系的开发期、提高了油汽比，所以上返式开采的经济效益是巨大的。这点应引起我们的充分注意。

（4）大量试验表明，油层中蒸汽的超覆作用是蒸汽驱中固有的规律，而且随着油层厚度的增加而加剧。克恩河油田汽驱过后的 10 口取心井的资料显示，剩余油饱和度随距盖层距离的变化规律（图 24），可供我们在选定开发层系总厚度时参考。

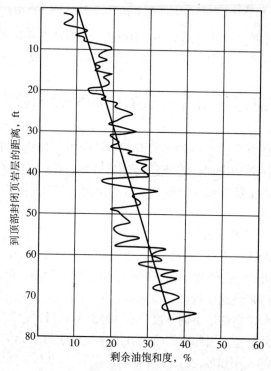

图 24　剩余油饱和度与距盖层距离的关系

（5）十井组汽驱后的注水表明，对于汽驱中采注比达不到 1.2 的汽驱，汽驱后采用大注采比注水，不仅可以充分利用汽驱后油藏中的余热，而且还可部分保持或提高油藏压力，使油井产量保持较长的一段时间，大量采出热水波及层段的油和汽驱中外溢的油，进一步提高最终采收率。

（6）"克恩"汽驱试验表明，在一个经过热水驱或蒸汽吞吐生产，油藏中含水已很高（达 55%）的油藏中进行汽驱，其汽驱效果仍然很好，最终采收率与低含水油藏基本相同。这一经验告诉我们，不管油藏汽驱前因注水开发、边水侵入，还是蒸汽吞吐造成油藏含水上升，甚至已发生严重水窜、生产含水很高（90% 以

164

上）的情况下，只要油藏中仍有汽驱的大量油存在（含油饱和度大于 45%），并且汽驱中不会再有大量水侵入，则汽驱仍是可行的。

（7）克恩河油田汽驱经验告诉我们，原油黏度对汽驱效果有一定的影响，黏度越大，采收率越低，但影响幅度不大。米加区的原油黏度达 7000cP（38℃），采收率仍达 56%。根据矿场和室内物模试验结果，只要地层油黏度在 10000cP 以内，汽驱采收率可达 50% 以上。

（8）克恩河的汽驱经验告诉我们，蒸汽驱中必须保持足够的注汽速度和足够注汽速度下的注采平衡，否则将严重影响开发效果。

（9）十井组的汽驱监测表明，在汽驱过程中，系统完善地录取生产数据、观察井的井温测试资料以及汽驱前后的取心资料，对全面深入研究分析开发动态、调整开发方案、采取有效措施改善开发效果非常重要，必须认真做好。

（10）对于像克恩河这种面积大、储量大、油藏范围内平面、垂向都有很大变化的油田，分成不同区块、有针对性地进行先导试验，然后逐步扩大开发区的做法很值得借鉴，可以避免决策失误。

（11）"克恩 A"汽驱试验的射孔方案告诉我们，油藏中只要没有阻碍蒸汽渗流的隔夹层，注入井只射油层下部 1/3 ~ 1/2，并且采用稀密度射孔，可改善吸汽剖面，改善垂向波及效率。

2. 克恩河开发试验的教训

（1）在克恩河油田的众多汽驱试验中，除十井组用了井距 100m 的七点井网外，其余全部用的是 70m 井距的五点井网，而且在没有详细论证合适井网、井距的情况下就认定五点井网是最合适的，这一结论不但影响了克恩河油田更经济有效的开发，而且对后来其他油田的蒸汽驱开发也有很长时间的不良影响。

我们知道，汽驱成功的必要条件是必须有较高的注入速率 [≥ 1.5m³/（d·ha·m）（总油层）]，而且还必须达到采注平衡（采注比 ≥ 1.2）。克恩河的所有汽驱试验都基本满足了这两个条件。所以也基本都取得成功，但井网井距并不太合适，这里我们以试验的平均水平为例来说明克恩河汽驱井网井距的失误。

克恩河汽驱试验的平均总油层厚度约 30m，单井平均注汽速度 45m³/d，单井平均产液速度 60m³/d，那么在较密的 70m 井距五点井网下，注汽速率达 1.5m³/（d·ha·m）（总油层），采注比可达 1.3，满足了成功汽驱的条件，但如果想用较稀井网，五点法就不能满足汽驱条件了。但是，如果采用七点法，可将井距放大到 85m，如采用九点法则可将井距放大到 90m，几乎少打一半井。

（2）在克恩试验中，对各种完井方法（包括射孔、割缝衬管、割缝衬管砾石充填、套管内衬管）进行了对比试验。在只比较了射孔完井产量最高而没有进行充分论证的情况下，就草率得出结论：射孔完井最好并决定在全油田推广使用。

其后果是蒸汽驱后期出砂严重，不得不大量进行捞砂、冲砂，这不但增加了操作费，而且影响了正常生产。这一教训应引起我们的高度重视，因为我们工作中这种错误也犯的太多了。

九₄区齐古组油藏重新汽驱试验的跟踪分析

（2009 年 12 月）

克拉玛依油田九₄区齐古组油藏重新汽驱试验两年多的实施，看来是以失败而告终了。但在跟踪分析中发现了失败的原因，这不但为九₄区的重新汽驱而且可能为新疆油区的汽驱开启了成功之门。本文将九₄区重新汽驱试验的有关内容提要于此，目的是一方面为读者提供分析汽驱的一些方法，另一方面也希望读者分析我们的"分析"是否正确到位，以便为新疆油区的汽驱提出更好的意见。

九₄区齐古组油藏的基本特征

1. 油藏位置

九₄区重新汽驱试验区位于克拉玛依油田九区的一个小区—九₄区的南部，由9477 井为中心井的 9 个井组组成。九₄区东北面与九₆区接壤；西面与九₈区相邻；西南方向与九₃区相接；东南方向部分与九₅区相连，部分与边水相连（图1）。

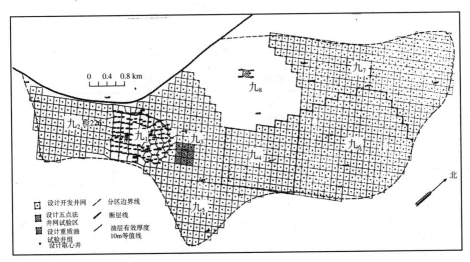

图 1　新疆九区分区情况

2. 构造特征

九₄区齐古组油藏在区域构造上位于克—乌断裂上盘超覆尖灭带上。构造形态为一由西北向东南倾斜的单斜。地层倾角 4°～6°，上倾部位油层埋深 230m（海拔 −70m），下倾部位埋深 370m（海拔 −100m），平均埋深 290m。

3. 储层沉积特征

齐古组储层超覆沉积在八道湾组、三河组和石炭系地层之上，与上面的白垩系吐谷鲁组之间呈不整合接触，呈上剥下超的沉积特征。在该区，齐古组沉积厚度在 42～130m 之间，平均 87m，总体上是西部沉积较薄，向东逐渐加厚。

根据岩性剖面和沉积旋回，齐古组自下而上划分为 3 个正韵律砂层组（J_3q^3、J_3q^2 和 J_3q^1）。J_3q^1 砂层组在该区东南和北部缺失且含油很少。J_3q^3 只在该区局部有发育。J_3q^2 在该区整个区都有发育且沉积厚度大，故为该区的主力油层。J_3q^2 又划分为两个砂层，即 J_3q^{2-2} 和 J_3q^{2-1}，J_3q^{2-2} 又进一步划分为 3 个单砂层：J_3q^{2-2-3}、J_3q^{2-2-2} 和 J_3q^{2-2-1}。

J_3q^3 砂层组位于齐古组底部，以不整合超覆于八道湾和石炭系地层之上，为齐古组第一个一级沉积旋回的沉积物，在该区它只是局部发育，平均沉积厚度 30m，岩性以砂砾岩、中细砂岩为主，油层平均厚度只有 4.3m。J_3q^2 为齐古组的第二个一级沉积旋回，它连续沉积于 J_3q^3 之上，该砂层组平均沉积厚度 60m，油层厚度平均 14.6m，其中 J_3q^{2-1} 沉积厚度平均 11.5m，沉积物以泥岩和泥质粉砂岩为主，没有油层；J_3q^{2-2} 平均沉积厚度 48.5m，以河道相沉积为主，沉积物主要为粉细砂岩、中细砂岩，油层平均厚度 14.6m。J_3q^1 砂层组为齐古组的第三个一级沉积旋回，该层在本区东南部和北部区域缺失，沉积厚度小，平均只有 7.4m，油层厚度 2.1m。九₄区齐古组砂层沉积统计结果如表 1 所示。

表 1　九₄区齐古组各砂层沉积特征统计

层位	沉积厚度，m	砂砾岩厚度，m	有效厚度，m
J_3q^1	7.4	6.9	0
J_3q^{2-1}	11.5	5.6	2.1
J_3q^{2-2-1}	16.5	13.1	6.0
J_3q^{2-2-2}	17.0	14.0	6.5
J_3q^{2-2-3}	15.1	12.8	2.1
J_3q^3	29.6	19.7	4.3
合计	86.7	64.5	14.1

4. 储层岩性和物性特征

齐古组储层岩石颗粒成分以岩屑为主，其成分主要为凝灰岩和变质岩，含量在 50% 以上；其次为石英和长石，含量在 20% 左右；填充物以泥质和方解石为主，含量在 14% 左右；泥质矿物含量在 3% 左右，其主要成分为高岭石，伊蒙泥层及绿泥岩。

勘探时期九$_4$区钻了 5 口取心井，取心进尺 318m，取得岩心 270m，平均收获率 85%，所取岩心中有 142m 为含油以上级别的岩心。

利用岩心分析资料和电测资料，建立了孔隙度—渗透率图版、孔隙度—声波图版，并用阿尔奇公式计算了含油饱和度，确定了如下储层划分标准：

孔隙度	> 21%
含油饱和度	> 50%
声波时差（Δt）	> 345μs/m
密度（ρ_h）	< 2.34g/cm^3
电阻率（R_t）	> 30$\Omega \cdot$ m

利用上述标准划分的储层，其特征为：

平均孔隙度	28.5%
平均渗透率	1500mD
平均含油饱和度	69%
油层厚度	见表 1

5. 隔夹层发育情况

辫状河道沉积特点决定了层间和层内都存在一定的泥岩、砂砾岩隔夹层。对油层间起阻流作用且连片分布的隔层主要有 J$_2$q^3 与 J$_3$q^2 之间的泥岩隔层。而主力油层 J$_3$q$^{2-2}$ 的各小层之间及层内都没有起阻流作用的稳定隔夹层。

6. 流体性质

九$_4$区齐古组油藏的原油特点是"两高两低"，即黏度高，20℃下脱气油平均黏度 11000mPa·s，酸值高，KOH 平均 4.2mg/g，含蜡低，平均 2%，凝固点低，平均 −12℃。地面原油密度 0.935g/cm^3，地层油体积系数为 1.027。地层水为 NaHCO$_3$ 型，总矿化度 4700mg/L。

7. 油水关系

九$_4$区齐古组的油水分布主要受构造控制，水体处于构造下倾部位的东南部，为边水油藏。

8. 油藏温度和压力

根据测温测压资料，九$_4$区平均油藏压力为 2.8MPa，平均油藏温度为 19.2℃。

9. 储量

储量是用容积法计算的，为 $1083 \times 10^4 t$。计算参数：

含油面积 $3.8 km^2$，有效厚度 $15.0 m$，原始含油饱和度 72%，孔隙度 29%，原油密度 $0.935 g/cm^3$，体积系数 1.027。

各小层的储量参数及计算结果如表 2 所示。

表2　九₄区齐古组各油层储量计算表

层位	参数						储量	所占比例
	A, km^2	h_o, m	ϕ, %	S_{oi}, %	ρ_o, g/cm^3	B_o	$10^4 t$	%
J_3q^{2-2-1}	3.8	7.45	29	72	0.935	1.027	538.2	49.3
J_3q^{2-2-2}	3.8	6.22	29	72	0.935	1.027	449.3	41.5
J_3q^3	1.05	4.8	29	72	0.935	1.027	96.8	8.8
合计	3.8	15	29	72	0.935	1.027	1083.3	100

开发历程和现状

1. 开发历程

九₄区齐古组油藏的开发历程大致可分以下几个开发阶段：

1）蒸汽吞吐开发阶段（1988 年 7 月至 1992 年 8 月）

1988 年 7 月开始陆续以 100m 井距的井网完钻 293 口，并投入蒸汽吞吐开采，到 1992 年 9 月转汽驱之前，蒸汽吞吐生产 4 年，共注汽 $660 \times 10^4 t$，产油 $198 \times 10^4 t$，产水 $792 \times 10^4 t$，蒸汽吞吐阶段，阶段油汽比 0.30，阶段采注比 1.5，阶段采出程度 18.3%。

2）100m 井距的汽驱阶段（1992 年 9 月至 1997 年 6 月）

从 1992 年 7 月开始，陆续将 54 个 100m 井距的九点井组，转入蒸汽驱开发。到 1997 年 7 月，100m 井距下汽驱 5 年，阶段注汽 $174 \times 10^4 t$，阶段产油 $25 \times 10^4 t$，阶段产水 $176 \times 10^4 t$，阶段油汽比 0.09，阶段采注比 1.16，阶段采出程度 2.3%。

3）70m 井距的汽驱阶段（1997 年 7 月至 2006 年 12 月）

1997 年 7 月开始钻加密井，陆续将 100m 井距的九点井组转为 70m 井距的九点井组，共钻加密井 271 口，组成了 121 个汽驱井组。从 1998 年初到 2006 年底，70m 井距下汽驱 9 年，阶段注汽 $864 \times 10^4 t$，阶段产油 $156 \times 10^4 t$，阶段产水 $956 \times 10^4 t$，阶段油汽比 0.18，阶段采注比 1.29，阶段采出程度 14.4%。

2. 开发现状

九4区齐古组油藏从 1988 年 7 月投产到 2006 年底，经过蒸汽吞吐和不同井距的汽驱，共注汽 1698×10^4t，共产油 379×10^4t，共产水 1924×10^4t，累计油汽比 0.22，累计采注比 1.36，累计采出程度 35%。

2006 年，全年注汽 96.2×10^4t，产油 13.9×10^4t，瞬时油汽比 0.145，瞬时采注比 1.17，平均单井产液量 8t/d，产油 1.04t/d。

油藏工程分析

以上有关油藏基本特征的描述及开发状况，是根据油藏操作者所提供的资料，简缩整理出来的，为了使本次重新汽驱设计建立在尽可能比较符合油藏实际的基础之上，需要用油藏工程理论和开发经验，对这些资料的真实性做一些分析。

1. 油层厚度可能被大大（人为）缩小了

判断油层厚度被大大缩小的主要依据是：

（1）在储层岩性和物性一节中谈到：勘探时期"九4区钻了 5 口取心井，取心进尺共 318m，取心长度 270m，收获率 85%，所取岩心中有 142m 为含油以上级别的岩心"。据此分析，如果漏取 48m 岩心中有一半是含油岩心，那么 5 口井含油岩心长 166m，平均每口井油层厚度为 33m，即使不考虑漏取岩心中有含油岩心，平均每口井的油层厚度也有 28m。尽管 5 口井的平均厚度不能完全代表九4区的平均油层厚度，但这样一个小区 5 口井的平均值也应有较高的代表性。5 口井的平均油层厚度几乎为划定油层平均厚度的 2 倍。除非油层厚度被人为划小，这一矛盾无法解释。

（2）隔夹层特征描述中看到，九4区主力油层"J_3q^{2-2} 层各小层之间及小层内都无稳定的隔夹层"。从表 1 中 J_3q^{2-2-1} 和 J_3q^{2-2-2} 的沉积厚度（共 33.5m）与砂砾岩厚度（共 27m）之差（6.5m）看，与 J_3q^{2-2-1} 和 J_3q^{2-2-2} 的隔夹层不够发育的描述是相符的。但是砂砾岩厚度（27m）与有效厚度（12.5m）的巨大差别（14.5m）就无法理解了。一般说来，除非油藏有大的油水过渡带，砂岩厚度与有效厚度有小的差别外，一般它们的厚度应是一致的，所以国外一些油藏描述中都把砂层厚度视为净油藏厚度（我们称之的有效厚度）。对这一如此大的差别，唯一的可能解释是把大量油层（特别是差油层）又划成了隔夹层。其结果 J_3q^{2-2-1} 和 J_3q^{2-2-2} 的净总厚度比只有 0.48，完全背离了 J_3q^{2-2-1} 和 J_3q^{2-2-2} 隔夹层不够发育的描述。

（3）电阻率大于 $30\Omega \cdot m$ 才划为油层的划分标准又把 J_3q^{2-2-3} 小层划为了水层。因为 J_3q^{2-2-3} 处于 J_3q^{2-2-2} 层的下面，可能部分油层处于油水过渡带，油层中的含水饱和度会高于 J_3q^{2-2-1} 和 J_3q^{2-2-2}，因此电阻率低些是可能的（低于 $25\Omega \cdot m$）。

只是因这点而把它划为水层有些太武断。

虽然这些事实说明了油层划分存在很大问题，但有关油层划分问题已远远超出了本课题的研究内容。另外，即使我们据以上问题对油层重新做出划分，要得到油田同事们的认同更是一件不容易的事。另一方面，我们也不敢相信经过几十年的油藏地质和多次"精细描述"，还会存在如此大的失真。出于以上考虑，决定在本次研究中仍采用原划分结果，但问题要提出，以便引起油藏操作者的注意，并进行重新描述。

2. 汽驱效果分析

稠油蒸汽驱经验告诉我们，像九$_4$区齐古组这样的油藏，其成功汽驱，一般只需 5～7 年，最终采收率能达 60% 左右。而九$_4$区齐古组的汽驱已 15 年之久，采出程度 35%，预测最终采收率只有 40%（注意：这里的采收率是按所给储量计算的，如果考虑到油层厚度大大偏低，实际采收率可能还要低得多）。对比成功汽驱，九$_4$区齐古组的汽驱其效果是相当差的。效果差的原因经分析主要有以下几个方面：

（1）注汽速率过低。

从 1992 年 7 月开始汽驱，到 2006 年底，汽驱 14.5 年，注汽 1038×10^4t，按油藏面积 380ha，净油层厚度 15m 计算，其净油层的注汽速率只有 0.34t/（d·ha·m），还不到成功汽驱净油层厚度注汽速率 2.5t/（d·ha·m）的 13%。

（2）井底蒸汽干度低。

汽驱过程中，平均单井注汽速度只有 16.2t/d。这样的注汽速度，再加上大供汽半径（大注汽站，供汽半径 2km²），井底蒸汽不可能还有干度，注入的实际为热水。

（3）大面积的无控制注入。

大面积注汽中，各井无控制装置，由井自行分配。由于各井吸汽能力的差异，必然有的井注入多，有的井注入少，造成井组间开发的不平衡。

重新汽驱方案设计要点

由于过去的汽驱效果差，有必要重新进行汽驱，以提高汽驱效果。重新汽驱方案设计要点如下。

1. 试验井组组成

方案设计了 9 个汽驱井组，新钻注入井：94053、94054、94077 和 94078；

重新完井的注入井：94052 和 94076；

利用原注入井：94100、94101、94102；

新钻温度观察井：观 68 和观 69；

压力观察井 P1，为原注汽井。

取心井：94077 和观 69，补钻生产井 94864；

井组构成和各类井的位置如图 2 所示

2. 试验区的初始油藏条件

这次汽驱试验的目的层是 J_3q^{2-2}。通过历史拟合得到的试验区油藏条件是：油层厚度 15m，原始储量为 $51.4×10^4$t。从 1988 年到 2006 年底，经蒸汽吞吐和蒸汽驱开采，已采油 $20×10^4$t，采出程度 39%，油藏中剩余油饱和度 44%。经多年的注汽，油藏温度已由原始的 19℃上升到 50℃以上，油藏压力已由原始的 2.3MPa 下降到 1.3MPa。

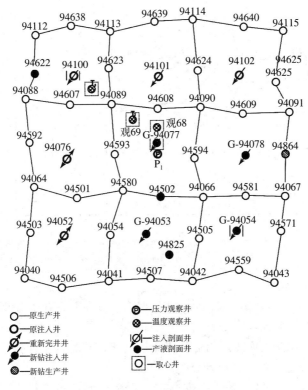

图 2　试验区各种井所在位置示意图

3. 注采参数优选

在经历史拟合确定的初始油藏模型上进行了注采参数优选，结果如下：

注汽速率　　　2.0t/（d·ha·m）（净油层）

井底干度　　　45%

采注比　　　　1.2

结束方式　　　　汽驱 4.5 年后转为水驱

射孔方式　　　　注汽井每层射开下部 1/2

4. 效果预测

在优化的注采参数下，对汽驱效果进行了预测，结果是：

从 2007 年 9 月开始汽驱，注汽 4.5 年，接着注水 1.5 年，共注汽 $89.4 \times 10^4 t$，产油 $17.9 \times 10^4 t$，产水 $118 \times 10^4 t$，累计油汽比 0.20，累计采注比 1.2，汽驱采收率 34.8%。预测动态曲线如图 3 所示。

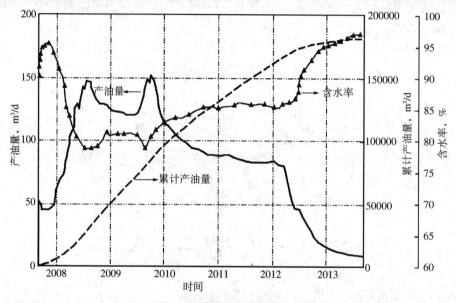

图 3　汽驱试验预测生产动态

5. 注汽系统设计

（1）注汽管柱：采用"隔热管 + 封隔器"，封隔器坐在射孔顶部以上 3 ~ 5m 范围内，尾管下到射孔段底部。

（2）各注入井注入速度采用亚临界流控制法，并装有流量测量装置。

（3）蒸汽分配，采用 T 形管分配器。

（4）输汽管网：为了能等干度分配，在预计的输汽条件下（日输量 540t/d，干度 65%，井口压力 3MPa，输汽压力 5MPa），计算了能保持雾状流的输汽干线和支线的直径。设计注汽流程如图 4 所示。

6. 监测系统设计

1）监测原则

（1）监测资料以能基本满足动态分析即可，不可过多。

174

（2）监测方法采用实用成熟技术。

（3）录取资料应确保质量，宁可少取也不要错误信息。

2）注入系统的监测

（1）对蒸汽锅炉，每天进行一次产汽量、压力和干度测量；每月进行一次锅炉用水水质分析、烟道气含氧量和温度测量；每年进行一次锅炉热效率分析。

（2）对注入井，每周进行一次注入压力（井口）和温度测量；每季度进行一次注入速度和封隔器密封情况检查，不符合要求时应及时调整和修理。

（3）94054 和 94100 两井每半年进行一次井底蒸汽干度和注入剖面测量。

（4）对输汽管道，每季度进行一次全面检查，是否有漏汽，保温层是否有损坏及是否有温度过高处，如发现问题，及时进行修补。

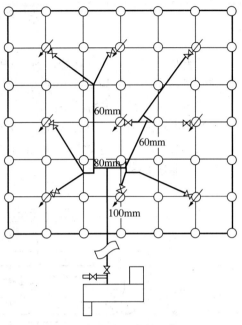

图 4　蒸汽分配流程示意图

3）采油系统的监测

（1）每口油井，每周进行一次分离器产油量和产水量计量；每周一次出油温度、油压和套压测量；每月进行一次液面深度和示功图测量，并及时进行油井工作状况分析。

（2）对 94502 和 94622 两口井每半年进行一次产液剖面测量。

4）观察井的监测

（1）对压力观察井最好进行连续监测，如做不到，则每季度测一次。

（2）对温度观察井，每半年进行一次温度剖面测量。

5）特殊监测

（1）如有必要，可在汽驱准备过程中，打两口密闭取心井（94077 和观 69），以了解试验前油藏含油饱和度的真实情况。

（2）对温度观察井（观 68 和观 69），每年进行一次碳氧比（C/O）测井或其他能测量油层含油饱和度的测井。

175

跟 踪 分 析

　　试验从 2007 年 10 月开始，到 2009 年 9 月底，已进行了 2 年。尽管对整个过程随时进行了跟踪分析，并几乎每个月根据分析结果进行了适当调整，但未见到大的好转。试验的基本情况是：

　　2 年共注汽 31.4×10^4t，产油 1.87×10^4t，产水 23.5×10^4t，累计油汽比 0.06，累计采注比 0.81。实际效果比预测结果相差甚远，实际产油只为预测量的 24%，生产动态曲线如图 5 所示。

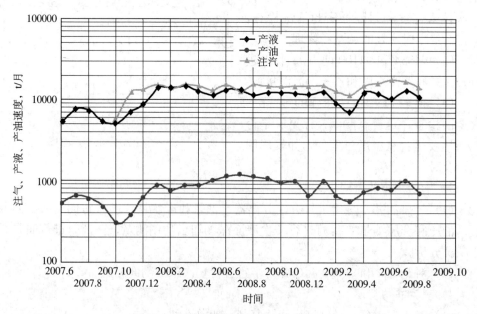

图 5　汽驱试验实际生产动态

　　与预测效果相比，这是一次失败的试验，但从跟踪分析找到了失败的原因，为今后的汽驱成功打下了基础，从这个意义上说又是一次有价值的试验。

　　下面我们将谈一下跟踪分析中所发现的一些失败原因，以及这些原因是如何跟踪发现的。

1. 试验效果不好的原因

　　试验效果不好，其原因不外乎三个方面之一或它们的组合：一是油藏条件不如预期的好；二是方案设计有误；三是操作差，没有达到应能达到的条件。对这三方面的情况，我们的跟踪分析结果如下：

176

（1）油藏条件比预期的好，它不是造成失败的原因。

我们跟踪分析发现：

①试验区的实际剩余油饱和度大约为53%，比根据采收率估计的44%要高出9个百分点。

②试验区 J_3q^{2-2} 油层的实际油层净厚度大约为23m，约为原划分厚度15m的1.5倍。

③汽驱中的油井产能基本与设计水平相符。汽驱设计要求在注汽速度60t/d下，单井产液能力24t/d。根据汽驱前油井当时的平均产液水平只有8t/d，人们对汽驱中是否能达到24t/d有所怀疑。试验统计结果表明，试验开始后5个月，生产井的平均产液能力就达到了24t/d，这说明目前井网能满足汽驱要求。

④汽驱中没有发生人们所担心的会过早汽窜。

这次汽驱试验设计的注汽速度为60t/d，约为过去注汽速度的2倍多，人们担心会过早的发生汽窜。试验表明，除因射孔方案射开了"次生气顶"引起部分井过早发生"热气突破"外，注汽两年没有一口井发生过真正的汽窜。这说明，尽管油藏已进行了14年多的低速低效汽驱，但还是能够重新进行正常汽驱的。对于油藏中已存在"次生气顶"设计时还没有认识到，因此，将其射开。如果早有认识，通过避射就可防止热气过早突破。

（2）方案设计中的一些失误是造成试验失败的主要因素。

根据跟踪分析对油藏的一些新认识，反思方案设计认为，方案设计对实际油藏来说有些失误之处，这是造成试验失败的主要原因，表现在以下几个方面：

①设计注汽速率偏低。

尽管方案设计的注汽速率对净油层厚度（15m）为2.0t/（d·ha·m），但由于净油层厚度实际上为23m左右，因此，使实际净油层厚度的注汽速率降为1.36t/（d·ha·m），大大低于了成功汽驱的正常注汽速率。仅这一因素，估计影响汽驱产量大约25%左右。

造成这一设计失误的直接原因是油层厚度描述的过大误差。另一原因在今天看来（当时还没认识这点），如按总油层厚度的注汽速率1.5t/（d·ha·m）进行设计，就不会出现这一问题了。

②每层都射开的射孔方案不符合实际油藏。

按油藏描述，油层净总厚度比不到0.5，说明它是一个油层与隔夹层互层性很强的油藏。这一油藏条件迫使射孔方案要射开每个油层。但是跟踪分析中所取得的大量资料表明，油藏为一个隔夹层不够发育的油藏，并且已存在次生气顶。对这些情况来说，射孔方案就成了一个失误的设计。因这一设计，造成了部分井过早的"热气突破"，影响了油井的正常生产。

③设计注汽站距试验区太远，难以达到汽驱的合理干度。

在这次注汽系统设计中，为了充分利用现有设备，利用了距试验区600m的原注汽站和位于试验区东南侧的原配汽站。这样使注汽管线总长（主干线、到各井的支线，以及各井的注汽管柱）达4400m。而与该试验注汽速度相同的齐40先导试验，其注汽管线总长度3600m。齐40先导试验的大量监测资料表明，在锅炉生产蒸汽干度75%的条件下，井底蒸汽干度平均为45%。设两个试验的保温条件相同，按齐40单位输送管线长度的干度降低量计算，九$_4$区汽驱试验在锅炉出口干度75%条件下，井底蒸汽干度最高只有38%，达不到井底干度45%的要求。

（3）实施中存在的问题，是造成试验失败的次要因素。

这里所以把实施中存在的问题界定为次要因素，有两个方面的含义，一是设计失误在先，实施问题在后；即使实施中没有问题，试验也会失败；二是与设计中的失误相比，实施中存在的问题其影响程度要小些。但是不能因此说实施中的问题不重要。实施中存在的这些问题也确实会对试验效果产生很大的不利影响。跟踪分析中发现的实施中的问题主要有：

①蒸汽生产一直不够稳定，而且生产的蒸汽干度可能达不到设计要求。从试验开始到目前这两年时间里，尽管从生产报表看，生产的蒸汽干度一直是75%，但从监测数据看，蒸汽生产不够稳定，而且干度很可能偏低。由2008年4—6月三个月的输汽干线两个测温点的测温数据得知，第一测温点与第三测温点的同日温差在4～44℃之间。蒸汽性质告诉我们，在一定的输汽量下，其输汽温差（压差）的大小，反映了蒸汽干度的差别，干度越高，输气温差（压差）越大，反之，干度低，温差（压差）小。将4℃到44℃温差平分为低、中、高三个区间（分别为4～17℃、17～31℃、31～44℃）。分别统计落入三个区间的点数，结果是落入低温差区的点数占总点数的60%，落入中温差区的点数占25%，而落入高温差区的点数只有15%。这表明大部分生产时间生产的蒸汽干度相对是比较低的。

考虑到注汽系统设计的缺陷和蒸汽生产中的这些问题，可以说这次试验中注入蒸汽的质量是存在较大问题的。

②对生产中发现的问题及提出调整的意见不能及时解决，这方面的例子有：

a. 试验中所用的测压测温仪表，特别是压力表量程过大，许多压力表针处于零点附近，有的甚至落零。不能真实反映所测压力，使压力、温度测量数据经常出现矛盾，这一问题一直都没有解决。

b. 对强排、控排油井，几乎每月都提出一次，但从下月的生产动态看，很少有变化。

c. 对热气突破问题，2008年3月就已发现并提出了用水泥封堵热气突破层段，但到11月才开始采取措施，措施是否到位，效果如何到现在没有结果。

d. 试验中作了许多测试，但大多数测试结果因质量差而不能应用。

2. 跟踪分析中的一些重要发现

在试验实施的过程中，我们对实施中所取得的一些检测资料，随时进行分析，从中发现了许多信息。这里把其中一些比较重要的发现介绍如下：

1）取心资料中的一些重要发现

在试验前试验区钻了 3 口取心井，它们是 94825. 94077A 和观 69 井，其井位如图 4 所示。分析报告见附表 1。

由这些取心井的分析报告得到以下重要信息：

（1）在距已注汽近 15 年的 94077 井不到 10m 处钻的 94077A 井，其岩心含油饱和度平均仍高达 36.2%，各岩样基本都在 20% 以上。说明距注入井 10m 处，还基本没有受到蒸汽的冲洗。这表明尽管已汽驱近 15 年，至少有 98% 的油藏体积还没有受到蒸汽波及。由此我们得出结论，过去的汽驱实质是热水驱。

（2）3 口井的岩心含油饱和度：94825 井平均为 58.7%，观 69 井平均为 54.8%，94077A 井平均为 36.2%。据此，再考虑到这些取心井在井组中的位置，估计试验前试验区的平均剩余油饱和度至少为 54%。据此计算，试验区的实际原始储量应为 $80 \times 10^4 t$，远远大于油藏描述中所给的 $51 \times 10^4 t$。按 $80 \times 10^4 t$ 储量估计，试验区油层厚度应为 23m。

详细审查岩心分析报告看出，每口井除有两三处样品间隔大于 1.0m 外，其余都是大约 0.5m 一个分析样的连续油层。如果我们把间隔大于 1.5m 的设为隔夹层（当然这是保守的设定），那么统计结果是：3 口井的平均总油层厚度 31m，平均隔夹层厚 8.0m，平均净油层厚度为 23m。综合考虑油藏工程分析部分对油层厚度的分析，以及试验区 3 口取心井的剩余油及油层厚度，我们可以确切地说，试验区的净油层厚度为 23m。

2）"次生气顶"的发现、确定及治理意见

关于试验区 J_3q^{2-2} 油层中存在"次生气顶"的判断，从发现到确定经历了一个谨慎的求证过程。其主要事件是：

（1）2008 年 3 月初分析 94077A 井的岩心分析数据发现，油层上半部岩心的油、水饱和度之和，小于油层下半部的。特别是靠近顶部的 222.6 ～ 225.5m 井段，其油水饱和度之和平均只有 66%，比下部油层的平均值 85.7% 低近 20 个百分点。我们认为这不是偶然现象，很可能这一层段中有气体饱和度存在。

如果有次生气层存在，首先要判断是天然气还是蒸汽。从该段的剩余油饱和度看，都高于 20%，说明该段还没有受到蒸汽冲洗，因此不可能是蒸汽饱和度，而只能是天然气饱和度。

有没有形成次生气顶的条件呢？回答是有的！一是该油藏已汽驱近 15 年，尽管油藏中没有形成汽腔，但在长期处于低压和热水的作用下，油中的气会分离出来；二是像最新认识的那样，J_3q^{2-2} 油层没有真正意义上的隔夹层，分离出的气体有向上聚集的通道。

根据以上现象和分析，我们提出试验区 J_3q^{2-2} 油藏可能有次生气顶存在，并建议注意收集这方面的资料以进一步验证。

（2）2008 年 3 月初，我们收到了试验区有 8 口井发生了"汽窜"的消息。收到这一信息后，我们立即对"汽窜"的性质进行了分析。从突破特征看，不像是蒸汽突破。其一，蒸汽突破一般是突破前有 2 ~ 3 个月的高产期，这些突破都没有这一特征；二是蒸汽突破，其温度都达到饱和蒸汽温度，而这些突破温度要低得多，有的出油温度只有 70 ~ 80℃。因此，我们断定这些突破不是蒸汽突破，而很可能是次生气顶中热天然气的突破。

之所以能形成热气突破，是因为当油层中存在次生气顶时，注入的蒸汽将优先进入这些阻力最小的次生气层。

（3）2008 年 3 月底收到的观察井的"温度剖面"资料（图 6 和图 7），这些资料又充分说明了注入蒸汽大量进入了油层顶部次生气层的这一事实。

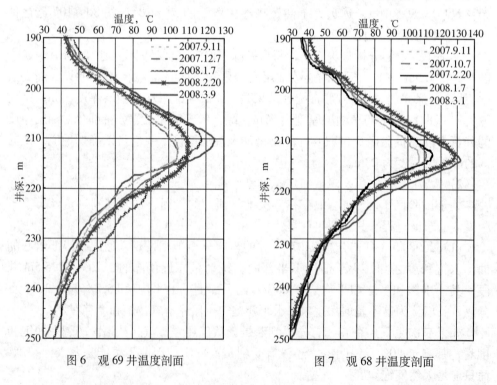

图 6　观 69 井温度剖面　　　　图 7　观 68 井温度剖面

这些温度剖面资料除表明从试验开始到 2008 年 3 月，油层顶部最高温度确有较大升高（大约升了 20℃）外，同时也表明，下部油层温度基本没有变化，有的甚至还降低了。这充分说明注入的蒸汽大量进入了顶部油层。

（4）PNN 测试进一步证实了次生气顶的存在

2008 年 4 月 25 日，对观 69 井进行了脉冲中子–中子（PNN）测试。尽管它对饱和度的解释结果其绝对值有很大偏差，但它证实了油层顶部确存在有 2m 多的次生气层（图 8）。

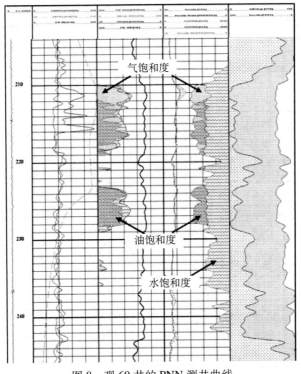

图 8　观 69 井的 PNN 测井曲线

从发现到求证，经过几个月的工作，落实了次生气顶的存在，于 2008 年 5 月 20 日提出了治理的方法：选取热气突破比较严重的井组，用挤水泥的办法封堵其注汽井和热气突破油井的上部油层。如果治理有效，再进行其他井组的封堵工作。

结　论

（1）油藏条件是好的，油藏描述有很大偏差，油层厚度比原划分的要厚出 50%，原始储量约为给出的 1.5 倍，隔夹层很不发育，净总厚度比达 78%。

（2）试验前的蒸汽吞吐和汽驱效果很差，实际采出程度只有25%左右。

（3）重新汽驱试验是失败的，主要原因是注汽速率过低，注入蒸汽干度不够，射孔方案不符合油藏实际。

附录：试验区 J_3q^{2-2} 油层岩心分析报表

附表1 94825 井岩心分析报表

序号	样品深度 m	岩石定名	孔隙度 %	油饱和度 %	水饱和度 %	校正后水饱和度 %
1	222.99	浅灰色中细砂岩	32.1	29.71	54.18	53.84
2	223.97	灰褐色粉细砂岩	35.2	37.22	43.3	43.05
3	224.43	灰褐色粉细砂岩	35	43.56	39.33	39.08
4	225.14	灰褐色粉细砂岩	34	52.53	36.84	36.76
5	225.72	灰褐色粉细砂岩	33.7	48.12	36.01	35.93
6	226.61	灰褐色粉细砂岩	24.3	45.79	44.52	44.2
7	227.51	灰褐色粉细砂岩	32.5	35.94	46.05	45.98
8	228.42	灰褐色粉细砂岩	33.8	52.91	34.27	33.79
9	229.46	灰褐色粉细砂岩	32.5	50.39	38.58	38.33
10	230.37	灰褐色粉细砂岩	34.5	54.93	31.24	31.01
11	231.06	灰褐色粉细砂岩	33.2	56.56	33.63	33.13
12	231.89	灰褐色中细砂岩	27.4	59.78	39.96	39.2
13	233.41	灰褐色中细砂岩	25.3	49.25	49.44	48.7
14	234.48	灰褐色中细砂岩	27.6	3.94	91.13	90.52
15	235.22	灰褐色粉细砂岩	33.8	36.46	42.2	41.83
16	235.87	灰褐色粉细砂岩	34	34.4	48.11	47.72
17	237.2	灰褐色粉细砂岩	34.5	43.43	38.13	37.71
18	237.98	灰褐色粉细砂岩	35.6	41.32	38.89	38.58
19	238.96	灰褐色粉细砂岩	33.4	36.51	44.42	43.99
20	239.91	灰褐色粉细砂岩	31.6	45.29	39.75	39.67
21	240.85	褐灰色含砾组砂岩	32.3	31.77	49.93	49.86

序号	样品深度 m	岩石定名	孔隙度 %	油饱和度 %	水饱和度 %	校正后水饱和度 %
22	244.22	褐灰色含砾组砂岩	29.3	60.63	38.98	38.59
23	244.99	灰褐色粉细砂岩	27.3	60.44	38.99	38.86
24	246.63	灰褐色粉细砂岩	32.8	51.54	47.03	46.5
25	247.11	褐灰色中细砂岩	33.1	43.58	43.7	43.61
26	248.19	灰褐色中细砂岩	31.1	34.96	47.66	47.08
27	248.68	灰褐色中细砂岩	32.6	34.57	48.18	47.64

附表 2   观 69 井岩心分析报表

序号	样品深度 m	岩石定名	孔隙度 %	油饱和度 %	水饱和度 %	校正后水饱和度 %
1	210.57	褐灰色小砾岩	27.8	18.3	44.9	44.4
2	211.09	褐灰色小砾岩	28.9	27.3	51.7	51.3
3	211.56	褐灰色小砾岩	15.7	11.4	88	87.6
4	212.82	褐黑色小砾岩	31.2	28	51.5	50.9
5	213.48	褐灰色含砾中砂岩	33.2	25.3	40.4	40.4
6	214.08	褐灰色含砾中砂岩	33.3	22.6	42.7	42.6
7	214.67	褐灰色含砾中砂岩	31.4	25.5	54.2	53.9
8	215.37	褐灰色含砾中砂岩	33.5	25.6	42.3	41.8
9	215.81	褐黑色小砾岩	31	39.8	57.2	56.6
10	216.43	褐黑色小砾岩	29.4	34.5	45.8	45.1
11	217.17	褐黑色小砾岩	28.6	29.2	50.1	49.6
12	217.67	褐黑色小砾岩	7.6	29.9	69.2	66.6
13	218.25	褐黑色小砾岩	24.6	34.6	47.6	47.5
14	220.86	褐灰色中细砂岩	34.4	27.7	51.7	51.3
15	221.48	褐灰色中细砂岩	33.8	37.7	47.5	47
16	222.25	褐灰色中细砂岩	32	39.9	50.2	49.9
17	222.72	褐灰色中细砂岩	34	25.1	54.9	54.6
18	223.25	褐黑色小砾岩	34.7	33.5	52.7	52.6
19	223.89	褐黑色中细砂岩	31	52.2	47.5	47.3

序号	样品深度 m	岩石定名	孔隙度 %	油饱和度 %	水饱和度 %	校正后水饱和度 %
20	224.29	褐黑色中细砂岩	29	50.3	49.1	48.9
21	225.26	褐黑色小砾岩	29.6	36.1	43.7	42.9
22	225.79	褐黑色小砾岩	40.2	25.3	37.7	37.2
23	226.24	褐黑色小砾岩	38.7	55.8	31	30.9
24	226.71	褐黑色小砾岩	27.4	54.2	45.5	45.1
25	227.38	褐黑色小砾岩	30	54.4	44.6	44.2
26	228.09	褐黑色小砾岩	31.1	49	39.1	38.4
27	229.33	灰褐色含砾中砂岩	30	29.4	47.6	46.9
28	229.97	褐黑色中细砂岩	32.7	32.9	49	48.5
29	230.79	褐黑色中细砂岩	31.8	32.8	47.5	47.2
30	231.3	褐灰色小砾岩	31.9	35.8	43.9	43.6
31	231.76	褐灰色小砾岩	30.4	52.9	38.1	37.9
32	232.36	灰褐色中细砂岩	28.5	47.3	37.3	37
33	232.96	灰褐色中细砂岩	32.1	47.8	38.8	38.6
34	233.39	灰褐色中细砂岩	32.2	45.8	43	42.8
35	234.37	褐黑色含砾中砂岩	31.3	44.7	45	44.4
36	234.94	褐黑色含砾中砂岩	31.2	44.8	46.1	46
37	235.5	褐黑色含砾中砂岩	31.5	55.4	31.1	36.9
38	235.99	褐黑色含砾中砂岩	32.4	40.9	45.4	45.1
39	236.34	褐黑色含砾中砂岩	31.9	51.4	38.3	37.6
40	236.85	褐黑色含砾中砂岩	33.7	30.9	51	50.5
41	239.18	灰褐色小砾岩	27.5	57.9	39.2	37.8
42	241.73	褐灰色砂砾岩	24.7	31.7	53.1	52.9

附表3 94077A 岩心分析报表

序号	样品深度 m	岩石定名	孔隙度 %	油饱和度 %	水饱和度 %	校正后水饱和度 %
1	215.96	褐灰色中细砂岩	14.0	29.9	66.3	62.3
2	217.29	褐灰色中细砂岩	33.1	44.0	37.8	37.2

序号	样品深度 m	岩石定名	孔隙度 %	油饱和度 %	水饱和度 %	校正后水饱和度 %
3	217.75	褐灰色中细砂岩	34.8	29.3	49.8	49.3
4	218.27	褐灰色中细砂岩	32.8	18.8	60.2	59.5
5	218.75	褐灰色含砾中细砂岩	32.6	33.3	37.8	37.1
6	220.25	灰褐色含砾粗砂岩	33.7	23.2	67.5	66.7
7	220.73	灰褐色含砾粗砂岩	25.9	24.6	75.3	74.1
8	221.18	灰褐色含砾粗砂岩	31.7	32.4	59.0	58.3
9	221..47	灰褐色含砾粗砂岩	32.1	34.7	44.0	43.5
10	221.9	褐黑色含砾中砂岩	30.3	33.4	41.6	41.0
11	222.36	褐黑色含砾中砂岩	31.3	31.6	53.2	52.5
12	222.65	褐黑色含砾中砂岩	30.6	34.2	39.0	38.5
13	223.04	褐黑色含砾中砂岩	32.6	21.7	50.5	50.0
14	224.49	褐黑色含砾中砂岩	40.0	27.2	22.8	21.7
15	225.18	褐黑色含砾中砂岩	42.9	38.5	24.1	23.2
16	225.52	褐黑色含砾中砂岩	36.0	35.5	40.7	39.4
17	226.08	褐黑色含砾中砂岩	12.2	34.9	64.1	60.8
18	226.4	褐黑色含砾中砂岩	34.6	34.4	33.3	32.4
19	227.31	褐黑色含砾中砂岩	29.8	34.1	51.5	50.5
20	227.79	褐黑色含砾中砂岩	28.8	23.1	59.7	58.7
21	228.59	灰褐色中细砂岩	30.4	29.0	60.5	59.2
22	229.07	灰褐色中细砂岩	33.4	29.3	45.3	44.4
23	229.54	灰褐色中细砂岩	34.1	38.5	43.1	42.4
24	230.1	灰褐色中细砂岩	32.6	25.1	50.7	49.9
25	230.61	灰褐色中细砂岩	29.8	17.4	70.9	70.0
26	231	灰褐色中细砂岩	34.4	31.4	51.9	51.2
27	23.62	灰褐色中细砂岩	25.3	25.6	57.4	56.3
28	232.13	灰褐色中细砂岩	32.7	40.3	46.5	45.7
29	232.93	褐灰色含砾中砂岩	30.2	26.7	70.8	70.2
30	233.26	褐灰色含砾中砂岩	31.1	31.7	59.3	58.8

序号	样品深度 m	岩石定名	孔隙度 %	油饱和度 %	水饱和度 %	校正后水饱和度 %
31	234.59	褐黑色含砾中砂岩	34.4	33.4	42.7	42.2
32	235.08	褐黑色含砾中砂岩	30.7	37.9	49.0	48.5
33	235.74	褐黑色含砾中砂岩	30.0	26.6	58.7	58.1
34	236.1	褐黑色含砾中砂岩	32.0	39.5	58.9	58.2
35	236.53	褐黑色含砾中砂岩	36.4	31.4	46.5	45.9
36	237.02	褐灰色中细砂岩	33.6	32.8	48.2	47.7
37	240.35	褐黑色中细砂岩	36.4	59.3	37.4	36.5
38	240.92	褐黑色中细砂岩	33.0	65.5	32.6	31.7
39	241.47	褐黑色中细砂岩	24.1	58.3	40.9	39.5
40	242.25	褐黑色中细砂岩	27.3	41.8	56.4	54.8
41	242.99	褐黑色中细砂岩	31.4	48.2	51.3	51.2
42	243.78	褐黑色中细砂岩	31.2	40.8	48.7	48.2
43	244.3	褐黑色中细砂岩	32.4	48.8	51.1	50.6
44	245.16	褐黑色中细砂岩	31.6	40.5	47.1	46.7
45	245.65	灰褐色中细砂岩	20.5	40.8	59.0	58.1
46	246.4	灰褐色含砾中砂岩	28.9	41.5	47.3	46.8
47	247.79	褐黑色含砾中砂岩	24.4	53.0	46.6	46.1
48	248.91	褐黑色含砾中砂岩	27.1	44.8	45.5	45.0
49	249.33	褐黑色含砾中砂岩	27.8	53.7	37.2	36.4
50	249.9	褐黑色含砾中砂岩	26.7	52.3	41.8	41.0
51	250.58	褐黑色含砾中砂岩	28.8	26.2	59.0	58.4
52	250.96	褐黑色含砾中砂岩	30.0	48.1	42.3	41.6
53	251.91	褐灰色中细砂岩	36.3	31.5	49.3	48.4
54	252.35	褐灰色砂砾岩	15.5	17.3	78.0	75.4

如何解读水驱采收率公式

（2009 年 10 月）

水驱采收率公式是水驱油藏开发中最重要、最简便的公式之一，但也是最难解读且最难正确应用的一个公式，它的定义式是：

$$E_R = E_v \cdot E_p \tag{1}$$

式中 E_R——水驱采收率，%；

E_v——水驱油效率，%；

E_p——水的波及效率，%。

对这一公式，目前有多种解读，分别介绍如下。

1. 解读一——传统解读

所谓传统解读就是式（1）出现早期，在教科书中的有关该式各项的定义，他们定义的是：

E_R 为从油藏中水驱出的油量，与水驱初始时油藏中存有的油量之比。

E_v 为被水驱到残余油状态的岩心或部分油层中所驱出的油量，与水驱初始时岩心或那部分油层中所含油量之比。

E_p 为被水驱到残余状态的那部分油藏体积，与油藏总体积之比。

2. 解读二——关于波及效率的解读

如果油藏中的水驱油为活塞式驱替，那么水一进入，就到了残余油状态，水没进入的就仍为原始含油饱和状态，波及和未波及非常好界定，但是油藏中的实际水驱油过程并非如此，而是从开始侵入到驱到残余油状态有一个过程。在这种情况下，如何界定波及与未波及就成为一个问题。如果以驱到残余油为波及体积，那会使计算的采收率低于实际的采收率，因为从已被水开始驱替但还没有驱到残余油状态的那部分油藏中所采出的油，没有被计算在内。如果水一侵入就划归为波及体积，那么会使计算的采收率高于实际采收率，因为其中还有没被驱到残余油的那部分油藏体积中还有可被采出而没被采出的油。因此波及与未波及的界线必定介于两者之间。

关于如何界定波及效率，笔者虽读过有关水驱效率和波及效率的许多文献，但从没见到他们对波及效率是如何界定的说明，为了便于水驱油藏有关波及效率的分析，笔者在此提出一个界定方法，以供大家参考。

在油藏水驱过程中，油藏中实际驱替过程如图 1 所示。油藏经过一段时间的水驱，部分油藏体积已被水驱到残余油状态（图中 S_{or} 段），部分油藏体积被水驱到不同程度（图中弯曲段），而仍有部分油藏未被水波及（图中 S_{oi} 段）。

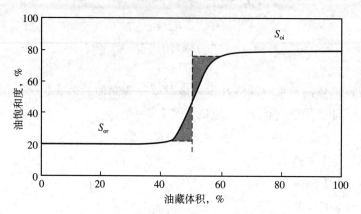

图 1　水驱过程油藏中含油饱和度变化示意图

如果我们把初始含油饱和度与残余油饱和度的中点作为波及与未波及的分界点，把含油饱和度低于此点的视为水的波及体积，而把含油饱和度高于此点的视为未波及体积，那么未波及部分被采出的油（见图 1 中上三角区）补上波及体积中未被采出的油（见图 1 中下三角区），就会使计算采收率与实际采收率相符合。

这一分界点的合理性，可用大庆油田喇嘛甸和萨尔图油藏为例来说明。大庆喇－萨油藏的检查井资料表明，该油藏水驱残余油饱和度 15%，说明其水驱油效率为 80% 左右，水驱采收率为 45%，那么根据公式计算，喇－萨油藏的水驱波及效率为 55.6%。目前检查井岩心分析结果是强水洗段占 40%，中水洗段占 30%，弱和未水洗段占 30%，如果我们以中水洗段中点一分为二，那么波及效率为 55%，与公式计算的波及效率非常一致（因不知道具体分析结果，只能用中水洗中点近似为分界点）。

同样，该油藏聚合物驱的最终采收率为 55%，按 80% 的驱油效率，按水驱采收率公式计算聚合物驱的波及效率为 68%。检查井的分析结果是强水洗段占 50%，中水洗段占 30%，弱和未水洗段占 20%。同样将中水洗段一分为二，那么波及效率为 65%，与公式计算的波及效率也大致相同。由以上实例我们认为饱和度中点分界法是合理实用的。

3. 解读三——关于驱油效率的解读

水的驱油效率，可通过岩心水驱试验或水驱油藏检查井取得，特别是岩心水驱试验，使我们在水驱前或水驱初期就能得到该油藏水驱的驱油效率，使式（1）

具有分析油藏开发状况的实用价值。

据了解，国外的统计结果，水的驱油效率平均为75%[1]，而我国平均不到65%，产生这一差异的原因有二：

一是国外油藏的原始含油饱和度比我们的高，平均为80%，而我国油藏的平均原始含油饱和度不到70%。其原因是我国许多油藏的原始含油饱和度不是实测的，而是"借用"的或人为压低的。

二是我们的水驱油试验没有真正驱到残余油状态。为了真正水驱到残余油或接近残余油状态，国外的水驱试验（如岩心公司的）一般都是要驱替岩心上千孔隙体积倍数，甚至上万孔隙体积倍数的水；而且用的是与油藏实际水驱过程基本相同的恒压驱替法。随着生产含水的上升，驱替速度不断增大，有利于尽快达到或接近残余油状态。所以，他们的试验结果，一般残余油饱和度都在20%左右，物性较好的岩心甚至残余油饱和度只有15%左右，与油藏实际水驱残余油都非常一致。但是我们的水驱试验有许多试验只是驱替几十倍到几百倍孔隙体积倍数的水，而且驱替过程用的是不利于驱到残余油的恒速法。因此我们试验的残余油饱和度一般为25%～30%，有些甚至超过40%。

之所以我们的水驱试验注水量少，可能是许多人受油藏注水孔隙体积倍数的影响。他们认为，既然油藏实际注水量为油藏孔隙度体积的1.5倍到2.5倍，试验注入岩心孔隙体积几十倍，已远远超过了油藏的注水倍数，没有必要注几千倍孔隙体积的水。

其实，油藏与岩心的水洗程度与其注入孔隙体积倍数之间的关系没有可比性，真正代表水洗程度的是单位过水面积的过水量。例如：

一个直径2.5cm，长5cm，孔隙度30%的岩心柱，注入100PV水时，其单位截面积的过水量为150cm³/cm²，即1.5m³/m²。

一个任意厚、孔隙度30%的油层，布有注采井距200m的五点井组，当注入2PV水时，在距注入井100m处的断面上，设过水面积为断面面积的50%（注水开发波及效果的平均值）时，其单位过水面积的过水量为77.0m³/m²。我们知道井组中的流动为径向流，注采井中点（100m处）是井组中最大的渗流截面。可以算出，距注入井50m、20m处单位过水面的过水量分别为154 m³/m²和385m³/m²。可见，油藏中注2PV水时，其大部分油层中单位面积的过水量，要超过岩心中注几千孔隙体积倍数时的过水量。所以岩心试验中要真正驱到像油藏中的残余油状态，必须要注几千倍甚至上万倍孔隙体积倍数的水，而且必须用有利于尽快驱到残余油的恒压法驱替。所以，要想很好的应用式（1）进行开发分析，必须把水驱油效率测定准确。

4. 解读四——把岩心驱替含水 98% 时的"驱油效率"作为式 (1) 中的驱油效率

这一解读可能是受油藏生产含水 98% 时为水驱最终采收率之影响。其实，岩心中的水驱与油藏中的水驱完全是两码事。油藏是非均质的，当生产含水 98% 时，油藏中的水洗状况是：部分油藏体积早已被彻底水洗，达到了残余油状态；部分油藏体积受到不同程度的水洗；而部分油藏体积还没有受到水洗。因此，采收率公式中用驱油效率乘以波及效率来求采收率。岩心是均质的，虽然生产含水达 98%，但它整体上岩心各部分都还有可流动油，即当生产含水 98% 时，其整个岩心中的驱替程度还远没有达到残余油状态。因此，用一个不完全驱替的所谓"驱油效率"替代完全驱替的驱油效率，必然会扩大波及效率的值。

有人在 1990 年曾用这一解读法分析过河南双河油藏的水驱波及效率（该油藏的相对渗透率含水 98% 时的"驱油效率"不到 50%，水驱采收率也近 50%），结果得到该油藏的水驱波及效率已达到 100%。他也知道 100% 不可能，而取值 95%。实际上，像油水黏度比 20 的双河油藏，水驱波及效率不可能达 95%。报告后不久于 1991 年打的检查井资料表明，在采收率已达 30% 情况下，强水洗层段只占 15%，中水洗层段占 35%，弱和未水洗层段仍有 50%。按中水洗中点平分法，则波及效率为 33%。事实上，水驱到 2009 年，该油藏已水驱到接近水驱最终采收率 50%，其波及效率也只有 55% ~ 60%。

因此，笔者认为不可用岩心水驱含水 98% 时的"驱油效率"代替公式中的驱油效率，否则会使波及效率出现不合理的值。

5. 解读五——提高水驱效率

最近有些人在改善水驱效果的研究中提出了提高水的驱油效率的命题。他们将水驱油效率定义为从部分油藏中水驱出的油与这部分油藏中原始储量之比。并且声称，只要有充分的驱替过程，可以将含油饱和度降到零，即水驱油效率是一个从 0% 到 100% 的任一值（传统公式中的驱油效率只有一个值）。根据他们的驱油效率定义，水驱采收率公式应改写为下式：

$$E_R = \sum_{i=1}^{n} (E_v)_i \cdot V_i \quad 或 \quad E_R = \int_0^1 E_v \mathrm{d}V \tag{2}$$

式中 $(E_v)_i$ ——任一驱油效率，%；

V_i ——驱油效率为 $(E_v)_i$ 的油藏体积占总油藏体积的比例，%。

提高水的驱油效率的提出者们可能是想细划水驱采收率公式使其更精确，也很有创意，但这样做的结果，出现了以下两方面的问题：

(1) 这样做的结果使传统的水驱采收率公式（式 (1)）中一个未知数 (E_p) 变为无数个未知数 ($(E_v)_i$ 和 V_i)。使采收率公式失去了分析水驱动态方面的有用

190

功能。

（2）违背了两个事实：①水驱残余油是一个客观存在的事实。任何一个油藏，在开发的实际时空上，如许多经百年水驱的报废油藏，都存在自己特有的残余油饱和度。再如，大庆油田 30 年前所打检查井强水洗段的含油饱和度，与 30 年后今天所打检查井的强水洗段的含油饱和度，没有什么可觉察的变化。②我们过去在改善水驱开发效果中所提出的措施，如完善注采井网、细分开发层系、调剖堵水，以及注入增黏水改善油水流度比，甚至脉冲注水改变水流方向等等，都是基于扩大水驱波及效率而提出的，而且这些措施也确实不同程度地扩大了水驱波及效率，提高了水驱采收率。但我不知道上述措施有哪个能提高水的驱油效率，也不知道提高驱油效率倡导者们能提出什么样的提高水的驱油效率的有效措施。

我认为，提高水的驱油效率的提法，不但使传统水驱公式（式（1））失去应用价值，而且违背了水驱开发的实际，这种提法容易将人们误导到无效的工作上去。

6. 解读六——传统公式的应用

表面看，由水驱公式可以很容易求得水驱采收率，但实际中是不可能的，因为波及效率无法精确求得。

尽管如此，但可以用式（1）反求得水驱波及效率。通过用公式计算的波及效率与油藏中实际的波及情况（通过打检查井或饱和度测井可得到大概的估计值）的对比，可以分析油藏描述中可能存在的问题：

（1）如果计算波及效率远小于油藏实际波及效率，其原因可能所给储量大于实际储量，或所给驱油效率过大。这种情况在我国的水驱油藏中还没有遇到过。

（2）如果计算波及效率近似等于油藏中的实际波及效率，这说明所给储量和驱油效率基本符合油藏实际。

（3）如果计算波及效率远大于油藏中的实际波及效率，这是我国水驱油藏中常遇到的情况，其原因，可能所给驱油效率偏低（没驱到残余油状态或原始含油饱和度给的过低造成的），所给储量小于实际储量，也可能是井网控制程度太差造成的。

总之，应用水驱公式进行水驱动态分析，可找到油藏描述中存在的问题并加以修正，从而使油藏描述更符合实际，为油藏选择开发方式和开发中采取正确措施奠定基础。河南双河 II_5 层油藏的聚合物驱选择充分说明了这一点。

河南双河 II_5 层油藏，原油藏描述是水驱油效率 50%，水驱采收率近 50%，即是说水驱波及效率为 100%。根据这一描述，河南油田数模计算的聚合物驱基本不能提高采收率，因此被列为三类聚合物驱油藏，即不易进行聚合物驱油藏。

但是，根据水驱开发理论，像油水黏度比为 20 的该油藏，水驱采收率不可能如此高，更不可能水的波及效率达100%。经研究发现，储量计算中所给原始含油饱和度过低，使储量偏小，使采收率计算偏高。另外，由于水驱试验没有驱到残余油状态，使水驱效率偏低。经研究确定它的原始含油饱和度应为75%，重新试验确定的驱油效率为67%，水驱采收率为40%，水驱波及效率为60%。在重新描述的油藏模型上进行聚合物驱数模计算，结果聚合物驱比水驱可提高采收率9个百分点。聚合物驱试验结果是提高10.2个百分点。

结　　论

（1）水驱采收率公式（式（1））虽有多种解读，但还是传统解读最符合实际，使公式具有一定的使用价值。

（2）在水驱采收率公式（式（1））的传统解读中对波及和未波及没有明确界定，笔者认为有个界定可使大家的分析有个统一的标准。笔者在本文中提出的界定点仅供大家参考，如读者有更好的界定方法，不妨提出让大家共享。

参 考 文 献

[1] C R 史密斯. 实用油藏工程 [M]. 岳清山，柏松章，等译. 北京：石油工业出版社，1995：36-37.

稠油开发发展战略

（2011 年 2 月）

我国稠油资源丰富，又是稠油产量大国，但除蒸汽吞吐技术应用比较先进外，其他稠油开发技术的应用都不够理想，如何开发好我们的稠油资源，是我们必须解决的重大战略问题。本文就是想通过稠油开发史、已形成的高效开发技术以及我国稠油开发现状，来建立我们稠油开发的战略思想，并估计我国稠油的开发潜力。

世界稠油开发史梗概

从石油作为重要能源开始勘探开发起，就有稠油资源发现，但由于稠油黏度高、产能低甚至没有自然产能，更由于当时还没有炼制稠油的技术，只能作为低价粗燃料以及需求很少等原因而没有得到开发。这里对稠油开发发展作一简单介绍[1]。

随着稠油资源的大量发现、开发和炼油技术的不断提高，以及市场需求的增加，到 20 世纪 50 年代，人们才开始认真研究稠油的开发和利用问题。

在这一研究过程中，人们首先想到的是如何解决稠油开采中的举升问题，于是 20 世纪 50 年代开始进行井筒掺稀、化学降黏、电加热以及热水循环等采油工艺试验，有效地使流入井筒的油能被举升到地面。

但是，由于稠油的流动性差，即使低黏度的稠油，流入井筒的速度也很低，其日流量也只有几吨到十几吨。此外，更由于稠油弹性能量小，溶解气量少，靠一次采油，不但其采收率一般只有 3% ~ 4%，而且由于产量低，要采出这些油需要很长时间，因此必须进行驱替式开发。

要进行驱替式开发，首先要解决驱替剂问题。对此，人们首先想到的是用稀油开发中的注水开发，于是在 20 世纪 60 年代开始了注水开发试验。但是由于油水黏度的巨大差异，水的指进非常严重，波及效率很差，使水驱稠油的采收率也非常低，即使黏度 100mPa · s 左右的稠油，其水驱采收率也不到 20%，而且大部分油是在高含水下采出。因此，水驱稠油基本无效。

水驱不行，那么热水驱行不行呢，当时人们认为通过注热水加热油藏，降低油的黏度，改善油水黏度比，可能会使稠油的采收率得以大幅提高。但是实践表明，热水驱并不能大幅度提高稠油的采收率，其原因是：

（1）热水携带的热量少，在注入过程中热损失的比例很大，例如地面生产200℃的热水，经注入管线到井底一般温度还不到100℃，损失50%以上，进入油藏的热量很少。

（2）热水进入油层后是靠自身的降温放热来加热油层，所以在热水推进过程中会很快降为油层温度的水，真正在前沿驱油的水仍为冷水。这种热前沿的滞后，使油藏中的驱替过程仍然主要为一般水驱过程。

由于以上两种原因，使用热水驱比一般水驱提高采收率很有限，一般只有5～10个百分点。如果扣除生产热水烧掉的油，热水驱与常规水驱相比并没有带来什么经济效益。

既然热水驱也无效，人们又想到了用蒸汽驱的可能性。蒸汽携带的热量约为同温热水的3倍，把注入过程中的热损失降到15%～20%左右，从而可把大量热带入油层；蒸汽加热油层是靠蒸汽凝析成热水过程中放出的潜热，因此蒸汽驱替前沿与热前沿是一致的，它的加热油层在驱替中充分发挥了作用。因此可望蒸汽驱能大幅提高稠油采收率。

在委内瑞拉的一个汽驱试验中，因注入压力过高，于1959年10月注汽井周围发生蒸汽喷出事故，因此决定停止注汽并采取卸压措施。令人惊奇的是，虽然注汽井已注入了大量蒸汽，但卸压中产出了大量的油，从而发明了蒸汽吞吐采油法。由于蒸汽吞吐工艺相对简便，而且见效快，因而这一工艺技术于20世纪60年代初，早于蒸汽驱得到大面积应用，成为稠油开采中研发的第一个高效开发技术。

随着蒸汽驱试验的进展，到20世纪60年代中期已表明，蒸汽驱确实能大幅度提高稠油采收率。一个适合蒸汽驱的稠油油藏，蒸汽驱开发的最终采收率一般能达到50%～70%，平均60%。蒸汽驱成为稠油开发中研发的第二个高效技术。

在进行蒸汽驱试验的同时，人们也进行了火驱试验研究。由于火驱工艺相对复杂些，而且初期失败的较多，使它的发展较慢。但大量事实表明，火驱也确实是开发稠油的一种高效技术。成功的火驱，其最终采收率一般在50%以上。到20世纪70年代，火驱已被确认为稠油开发中研发的第三个高效技术。

蒸汽驱、火驱技术的成功应用，基本解决了普通稠油到特稠油的开采问题，但超稠油仍得不到有效的开发，直至20世纪90年代，加拿大石油工作者提出的蒸汽辅助重力泄油（SAGD）技术，才解决了块状超稠油油藏的开发问题，SAGD成为稠油开发中研发的第四个高效技术。

稠油开发主要技术的特点和应用情况

经过几十年的研究试验，到目前为止，稠油开发已形成了蒸汽吞吐、蒸汽驱、火驱和 SAGD 四种高效技术。以下我们分别介绍这 4 种技术的特点和应用情况。

1. 蒸汽吞吐

蒸汽吞吐技术，工艺相对简单，上产快，因此它最早广泛用于稠油的开发。特别是稠油开发早期，几乎所有稠油油藏都是用蒸汽吞吐方式投产。它的应用范围较大，几乎可用于各类稠油油藏。

蒸汽吞吐是通过向油井注入一定量的蒸汽，降低井底附近原油黏度实现大幅度增产的，但它增加地层能量很小，所以提高采收率有限。在井距 100～150m 之间时，其采收率一般只有 15%～20%，当井距在 70～100m 之间时，其采收率一般为 20%～25%。因此，一般不把它作为稠油油藏的最终开发方式，而是用作蒸汽驱或火驱的一种辅助措施，即当地层油黏度较大，直接蒸汽驱或火驱难以驱动，或油藏压力过高直接汽驱不易形成汽驱时，才采用蒸汽吞吐预热或卸压。

2. 蒸汽驱

蒸汽驱是开发普通稠油最有效，也是应用最广的一种稠油开发技术。它适用于油藏埋深 1300m 之内的普通稠油，在蒸汽吞吐的辅助下，也可用于特稠油。成功汽驱的最终采收率一般在 50%～70%，平均 60% 左右。

蒸汽驱对操作条件要求比较苛刻，成功汽驱的操作条件必须同时满足如下 4 个条件：

注汽速率	≥ 1.5t/（d·ha·m）（总油层）
采注比	≥ 1.2
井底蒸汽干度	> 40%
油藏压力	< 5MPa

如果所设计或实施的汽驱满足不了这 4 个条件的任一个，汽驱会变为热水驱，使汽驱归于失败，采收率将不是汽驱的 60%，而是降为热水驱的 10%～20%。所以，蒸汽驱成功的关键是汽驱方案设计及实施中必须能同时满足成功汽驱 4 条件。

3. 火驱

火驱是目前已形成的高效开发稠油的第三大技术 [2]。成功的火驱其采收率都在 50% 以上。

火驱一般最适用于地层油黏度小于 2000mPa·s 的稠油，在蒸汽吞吐辅助下，可扩大到 5000mPa·s。火驱对油藏其他条件适应性较宽，例如深度较大（大于 1300m），油层较薄（3～8m）不适合蒸汽驱的稠油油藏，用火驱也能取得一定的经济效益。

　　过去火驱失败的较多，其原因大多不是火驱本身的问题。油藏条件太差是火驱失败的主要原因，如美国大陆许多横向连通性很差的透镜状油藏，又如我国低渗－低孔、含油很差的克尔沁油藏，都是在没有任何经济有效开发方式的情况下，想用火驱试一下，火驱失败是预料中的事。据统计因油藏条件太差而造成失败的占失败火驱项目的一半左右。

　　其次，火驱试验早期对火驱采油机理认识不够，把火驱过程引入了低效的低温氧化过程而造成火驱失败。

　　再其次是火驱早期所用空气压缩机质量大都比较差，经常发生注空气量不足或因事故停注，而造成火驱的失败。

　　只要我们认真接受过去火驱失败的经验教训，火驱成功的几率会大大提高，扩大火驱使用是没有问题的。

　　4. SAGD

　　SAGD 是 20 世纪 90 年代加拿大巴特勒等为开发块状超稠油而设计的一种稠油开发技术。到目前为止已发展成一种成熟的稠油开发技术。

　　SAGD 技术适用于连续油层厚度大于 15m，埋深小于 1000m 的超稠油油藏。目前在加拿大已得到大面积应用，其采收率一般都在 50% 以上。

我国稠油开发史及现状

　　我国稠油开发研究的起步并不比国外晚多少，早在 20 世纪 60 年代就开始了。以王树芝、万仁溥为代表的老一辈石油工作者，于 1967 年在新疆的黑山油藏就进行了蒸汽驱试验，同时在新疆克拉玛依油田、胜利胜坨油田以及吉林扶余油田还进行过火驱试验。由于技术设备的落后以及"文化大革命"的干扰，这些试验都没取得结果而被中止。

　　真正工业意义的稠油开发是 20 世纪 80 年代初开始的。其特点是直接引进美国和加拿大的蒸汽锅炉和相关设备，很快形成蒸汽吞吐规模产量。其后 10 年时间就使我国稠油年产量达千万吨。在这一过程中，刘文章、万仁溥以及各热采油田的稠油工作者们，都做出了各自的重要贡献。

　　在蒸汽吞吐取得成功和大规模应用的同时，20 世纪 80 年代末在新疆、辽河等油田先后开展了 10 个蒸汽驱先导试验，结果都不够理想（后来的研究结果认为，10 个汽驱试验失败的原因，除在当时的技术条件下高升油田不宜开展汽驱外，其他大部分是设计不合理，实现不了成功汽驱的 4 个条件造成的）。

　　由于汽驱试验的失败，大量已蒸汽吞吐生产的稠油油藏不能及时转为蒸汽驱，使其被迫长期进行蒸汽吞吐生产，形成了我国大部分稠油长期进行蒸汽吞吐开发的一大特点。

由于汽驱试验的失败，使许多人对汽驱失去了信心。在这种情况下，有些人提出了转水驱，并先后在辽河油田高升、齐40、锦45等区块开展了水驱试验，结果因效果更差而中止。

面对我国稠油开发的困局，1996年北京石油勘探开发研究院热采所和辽河石油勘探局石油勘探开发研究院稠油室部分同志开展了蒸汽驱研究[3]。他们在总结国内外成功汽驱和失败汽驱经验教训的基础上，提出了汽驱油藏选择的"油藏参数法"，成功汽驱必须同时满足的"汽驱操作四条件"，以及能同时满足汽驱"四条件"的方案设计方法。

在中国石油天然气总公司开发生产局局长王乃举和辽河石油勘探局局长王春鹏的支持下，按这些研究结果，设计并实施了齐40蒸汽驱先导试验。试验由4个70m井距的九点井组组成，试验于1998年初开始，到2002年底，已取得重大成功：试验5年，共注汽 89.3×10^4t，共产油 16.8×10^4t，累计油汽比0.19，汽驱采出程度33.6%，加上汽驱前吞吐采出程度24%，汽驱后总采收率已达64%。

20世纪90年代，我国先后在辽河、胜利等油田进行过几次火驱试验，结果都因油藏品位太差，试验效果差而中止。

20世纪90年代中，曾在辽河油田杜84区块进行过一次SAGD试验，因设计不够合理，试验也以失败而中止。

2006年以后的最近几年，我国辽河油田齐40区块大面积转为蒸汽驱，杜84区块进行了较大规模的SAGD试验，高升区块进行了火驱试验；新疆风城开展了SAGD试验，克浅10进行了火驱试验。这些项目虽都见到了一定效果，但都仍不够理想，如齐40区块的汽驱，累计油汽比只有0.11左右，辽河、新疆油田的SAGD油井日产只有20多吨，火驱油井日产只有 $2 \sim 3$t。

纵观我国稠油开发史，我们看到，我们的稠油开发特点是一直以蒸汽吞吐生产为主，其他稠油开发技术应用规模小、水平低，远远落后于世界水平。

稠油开发发展战略

1. 对我国目前稠油开发状况所形成的共识和不同的发展战略

从世界和我国稠油开发来看，我国稠油开发技术还相当落后，在已有的稠油开发4大技术中，我国除蒸汽吞吐技术处于世界领先地位外，其他3大技术的应用还都不够成熟。

为了赶上世界稠油开发水平，今后我们稠油开发发展战略是什么，这是必须首先要解决的重要问题。为此，开了两次小型研讨会，会议的结果是：

（1）达成了两个共识：

①我国蒸汽吞吐生产的稠油油藏，基本都已到了蒸汽吞吐生产的末期，必须尽快地转为其他开发方式。

②我国目前进行的蒸汽驱、SAGD 和火驱，效果都不太理想，必须制定正确的开发战略，以提高其开发效果。

（2）采用什么样的开发发展战略，与会者提出了截然不同的 4 种发展战略：

①黏度在 3000mPa·s 以下的考虑转为水驱。

②我们的稠油油藏蒸汽吞吐时间已过长，地下存水多，单纯蒸汽驱已不能解决问题，必须进行二次革命，用蒸汽驱加氮气泡沫来提高开发水平。

③蒸汽吞吐时间过长，单纯蒸汽驱已不能解决问题，要用火驱加蒸汽驱组合来提高开发水平。

④集中全力提高蒸汽驱、SAGD 和火驱应用水平，扩大 3 项技术的应用规模。

2. 对所提几种发展战略的初步分析

我们知道，开发发展战略的选择，基本就决定了稠油开发的命运。选择的对，可以把我国稠油开发的水平提高到世界水平，甚至更高水平；选择错了，会使稠油开发水平停留在现有水平，甚至更低。因此，对稠油开发发展战略这一重大问题，必须深入地进行广泛研讨，以确定正确的开发发展战略。这里笔者先对这些发展战略做一初步分析，以抛砖引玉。

1）转水驱的发展战略

这一发展战略的主导思想是认为蒸汽驱和火驱的开发效果不如水驱。其实，这一思想有违于事实：

其一，稠油开发史之所以从水驱、热水驱发展到蒸汽驱和火驱，就是因为水驱、热水驱稠油的无效。

其二，我们大量的实践也证明了水驱稠油的无效性。在汽驱试验失败的情况下，20 世纪 90 年代在有些人的提倡下，曾先后在高升、齐 40、锦 45 等区块开展过多次水驱试验，结果也都因效果太差而中止。

所以重新提出发展水驱的想法是一种倒退，倒退是没有出路的。

2）蒸汽加氮气泡沫驱的发展战略

这一战略思想的实质是认为我国大部稠油油藏已进行了过长的蒸汽吞吐开发，地下存水多，单独用汽驱已不能解决问题，必须加氮气泡沫来改进。其实这一发展战略即有违事实，也无现实意义。

关于这一战略思想有违事实，我们可举例加以说明。美国克恩河油田"克恩"试验区，经过天然能量开发、蒸汽吞吐开发，随后又经过正、反热水驱，在油藏含水饱和度已达 55%，生产含水已达 99% 的条件下，汽驱采出程度仍达 28%，最终采收率达 65%；"克恩 A"试验区，经天然能量开发，又在 70m 井距下不计成本地进行了蒸汽吞吐，油层含油饱和度已降到 40% 的条件下，汽驱采出程度仍达 25%，使最终采收率达 70% 左右。

另外，我国齐 40 油藏，在 70m 井距的汽驱试验前（1995 年）曾进行过 100m 井距的汽驱试验，70m 井距汽驱试验后（2004 年）进行了大面积汽驱，但唯独介于它们之间的 70m 井距的汽驱试验（1998 年）取得好效果。

"克恩"和"克恩 A"试验以及齐 40 的开发实践的事实说明，只要原始油藏条件适合蒸汽驱，不管汽驱前经过什么样的开发，只要在正确的汽驱操作下，都能使汽驱达到原始油藏条件应有的采收率，不存在汽驱过时不过时的问题。我国已吞吐生产的油藏，远没有达到"克恩"和"克恩 A"试验区汽驱前的存水程度，因而也更不存在过时问题。齐 40 的事实也告诉我们，汽驱效果的好坏，不在于汽驱的早晚，而在于其操作条件是否符合成功汽驱操作条件。

有关这一战略思想无现实意义，从氮气泡沫驱研究的历史可见一斑。氮气泡沫驱在 20 世纪 80 年代初已被提出，并且在 80—90 年代达到研究高潮，但直到现在仍没有见到在蒸汽驱中加氮气泡沫，能在成功汽驱的基础上大幅度提高汽驱效果的实例。即使将来的研究能找到成功的配方，根据过去研究的规律，那也是几十年以后的事，远水解不了近渴，因此不能把蒸汽加氮气泡沫驱作为战略决策，而只能作为一个研究课题。

3）火驱与蒸汽驱组合发展战略

这一思想的实质也是汽驱、火驱已过时，单独汽驱或火驱已不能解决我国稠油开发的问题，必须采取组合式开发才能解决。

关于过时问题，前面已谈了，这里不再重复，但我们还应认识到：

（1）如果汽驱和火驱因操作条件不当，汽驱或火驱单独实施都不能成功，那么，它们的组合也只是低水平的重复，其组合也不会成功。

（2）如果汽驱或火驱有一项能成功，也就没有必要进行组合了，因为汽驱或火驱任一项成功，其最终采收率都可达 60% 以上，它们的组合也不会再有大的提高，组合反而增加大量投资和操作费用。

4）大力提高和推广三大稠油开发技术的发展战略

这一战略思想是基于以下认识提出的：

（1）稠油三大开发技术（蒸汽驱、SAGD、火驱）是已被证明并且已大面积应用的开发稠油的最有效的技术。

（2）我国应用这三大技术不够理想是因为我们应用中不够到位，还没有掌握成功应用的关键。世界成功应用的大量经验可供我们借鉴，经过努力是完全可以达到成功应用的。

(3) 我国有大量适合三大技术的储量,只要我们能成功地应用这三大技术,把我国稠油采收率提高到 50% ~ 70% 就能增加大量可采储量。具体情况,见下面潜力评估。

可以看出,这一稠油开发发展战略最便捷,不需花大力量研究新技术(还不一定能否研究得出来),只需借助三大技术的理论和别人成功的经验,改进我们的操作条件,就能走向成功;三大技术的应用,能大幅度提高我们稠油开发水平,大量增加可采储量。因此,在目前提出的稠油开发发展战略中,它是最切实可行、效果最大的一个战略思想。

我国稠油开发潜力评估

我国稠油资源主要集中于辽河油区和新疆克拉玛依油区,我们分析这两个油区的情况,即可了解我国稠油开发的潜力。

1. 两个油区稠油开发现状

1) 辽河油区情况

辽河油区探明稠油储量 10.8×10^8t,已动用 8.4×10^8t,在动用储量中:

(1) 蒸汽吞吐开发储量约 6×10^8t,目前平均已吞吐 12 个轮次,采出程度 20% 左右,已采出吞吐可采储量的 85% 以上,已到吞吐开发的晚期。

(2) 汽驱开发的储量约有 4000×10^4t,到 2011 年 3 月,油汽比只有 0.13;开发效果差,估计按目前开发状况开发下去,汽驱采收率只有 15% 左右,基本没有什么经济效益。

(3) SAGD 开发投入储量约 1000×10^4t,目前,26 个井组日注汽 5420t,产油 1510t,油汽比 0.22,其开发水平远低于加拿大 SAGD 的水平。

(4) 火驱,在高升油田开展了 1.2km^2 的试验区,投入储量 1300×10^4t。到目前,火驱已进行了 15 个月,油井产量只由火驱前的 2.4t/d 上升至 3.4t/d,累计空气油比达 1650m^3/t,这些指标虽仍是初期指标,但已反映出不够乐观。

(5) 注水开发稠油储量约有 1.5×10^8t,这些油藏采出程度低,估计最终只有 15% 左右。采油速度也很低,即使要达到 15% 的最终采收率,还仍要几十年。

2) 新疆克区稠油开发状况

新疆克区稠油资源丰富,到目前已探明稠油储量约 4×10^8t,动用 2.5×10^8t,主要集中于克拉玛依、红山嘴、百口泉和风城 4 个油田。

目前开发情况:

(1) 蒸汽吞吐开发投入储量约 1×10^8t,目前采出程度已达 18% 左右,估计最终采收率20%左右，已采出吞吐可采储量的90%，到了吞吐生产的晚期。

（2）蒸汽驱投入储量约4000×10⁴t，已汽驱20年，采出程度只有15%左右，预计蒸汽驱最终采出程度只有20%左右，加上汽驱前吞吐采出程度15%，汽驱后的最终采收率只有35%左右。

（3）SAGD开发，2009年在风城开展了SAGD先导试验。试验有一定效果，但单井注入速度和单井产量都偏低，能否达到较高水平还有待观察。

（4）水驱开发投入储量6000×10⁴t，目前采出程度17%，估计最终采收率只有20%左右。水驱采收率低，而且速度慢，要达到最终20%的采收率，可能还需要几十年时间。

2. 潜力评估

1）辽河油区

按照多年的筛选结果，综合考虑，辽河油区适合蒸汽驱的储量约为$1.8×10^8$t，适合火驱的储量约为$2.5×10^8$t，适合SAGD的储量约为$1×10^8$t。

如果适合汽驱的储量，汽驱最终采收率能达到55%，即可以从目前吞吐采收率20%提高采收率35个百分点，即汽驱潜力$0.63×10^8$t。

如果适合火驱的储量，火驱最终采收率能达50%，即可从目前水驱或吞吐采收率的20%提高采收率30个百分点，即火驱潜力为$0.75×10^8$t。

如果适合SAGD的储量，最终采收率能达50%，即可从目前采收率15%提高采收率35个百分点，即SAGD潜力为$0.35×10^8$t。

即辽河油区三大稠油开发技术的总潜力为$1.73×10^8$t。

2）新疆克区

同样，按多年的筛选结果，综合考虑，新疆克区适合蒸汽驱的储量8000×10⁴t（其中已汽驱储量约3000×10⁴t，已吞吐储量约2000×10⁴t，已水驱储量约3000×10⁴t），适合SAGD储量约$1×10^8$t，适合火驱储量5000×10⁴t（其中已水驱储量约3000×10⁴t，已吞吐储量约2000×10⁴t）。

如果适合汽驱储量，汽驱最终采收率能达55%，即从目前开发方式平均采收率26%（已汽驱的采收率大约35%，已吞吐和已水驱的采收率20%），提高采收率29个百分点，即汽驱潜力2320×10⁴t。

如果适合火驱储量，火驱采收率能达50%，即从目前开发方式采收率20%提高30个百分点，即火驱潜力为1500×10⁴t。

如果适合SAGD储量，SAGD开发采收率能达50%，即这些超稠油的开发潜力约5000×10⁴t，即新疆克区如果能成功应用稠油的这三大高效开发技术，其总潜力约8820×10⁴t。

结　　论

（1）我国稠油资源相当丰富，两大稠油资源区已探明稠油资源约 $15 \times 10^8 t$，而且大部分适合三大高效稠油开发技术，其中约有 $2.6 \times 10^8 t$ 适合蒸汽驱，约有 $3 \times 10^8 t$ 适合火驱，约有 $2 \times 10^8 t$ 适合蒸汽（或火驱）辅助重力泄油，共计 $7.6 \times 10^8 t$ 可以用三大技术得到高效开发。

（2）三大高效开发技术的潜力是巨大的。成功应用三大技术，两大稠油区可增加可采储量 $2.61 \times 10^8 t$。

（3）目前我们应用三大技术的结果不理想，不是油藏条件，而是我们应用中不够合理，只要我们把发展战略放在改进我们的技术水平和操作水平上，我们的稠油开发就能达到或超越目前世界水平。

参 考 文 献

[1] M 帕拉茨 . 热力采油 [M] . 王弥康，等译 . 北京：石油工业出版社，1989.

[2] 王弥康，等 . 火烧油层热力采油 [M] . 山东东营：石油大学出版社，1998.

[3] 岳清山 . 稠油油藏注蒸汽开发技术 [M] . 北京：石油工业出版社，1998.